RECHERCHES

ANATOMIQUES ET PHYSIOLOGIQUES

SUR

LES LIGULES

— *L. simplicissima*, RUDOLPHI. — *L. monogramma*, CREPLIN —

PAR

G. DUCHAMP

DOCTEUR ÈS SCIENCES NATURELLES, DOCTEUR EN MÉDECINE
PRÉPARATEUR DE ZOOLOGIE ET PHYSIOLOGIE A LA FACULTÉ DES SCIENCES DE LYON

PARIS

LIBRAIRIE J. B. BAILLIÈRE ET FILS
RUE HAUTEFEUILLE, 19, PRÈS DU BOULEVARD SAINT-GERMAIN

1876

RECHERCHES

ANATOMIQUES ET PHYSIOLOGIQUES

SUR

LES LIGULES

— *L. simplicissima*, Rudolphi. — *L. monogramma*, Creplin. —

LYON. — IMPRIMERIE PITRAT AINÉ, RUE GENTIL, 4.

RECHERCHES

ANATOMIQUES ET PHYSIOLOGIQUES

SUR

LES LIGULES

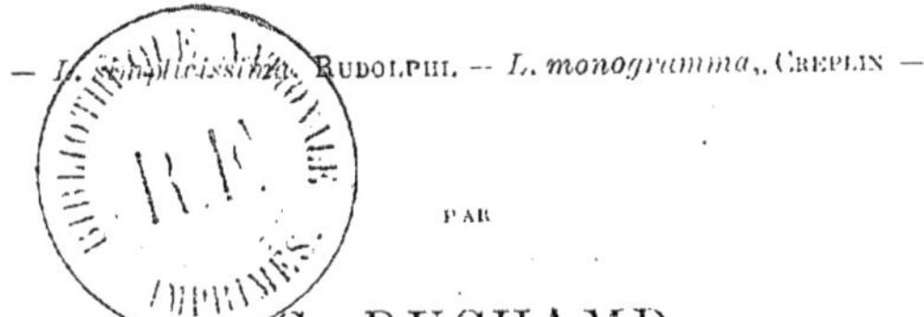

— *L. simplicissima*, RUDOLPHI. — *L. monogramma*, CREPLIN —

PAR

G. DUCHAMP

DOCTEUR ÈS SCIENCES NATURELLES, DOCTEUR EN MÉDECINE

PRÉPARATEUR DE ZOOLOGIE ET PHYSIOLOGIE A LA FACULTÉ DES SCIENCES DE LYON

PARIS

LIBRAIRIE J. B. BAILLIÈRE ET FILS

RUE HAUTEFEUILLE, 19, PRÈS DU BOULEVARD SAINT-GERMAIN

—

1876

AVANT-PROPOS

Depuis sept ou huit ans un véritable fléau s'est abattu sur les poissons des étangs de la Bresse, sévissant exclusivement sur les Cyprins et surtout sur les Tanches, dont il faut compter les morts par centaines de mille. Un pareil chiffre fait comprendre sans commentaires les pertes sérieuses qu'a dû subir la contrée.

On découvrit bientôt que l'auteur du désastre était un ver rubannaire logé dans la cavité péritonéale du poisson autour de l'intestin, et depuis lors le *ver blanc des Tanches*, ainsi qu'ils le nomment, est bien connu des marchands de nos halles : personne cependant ne songea à s'occuper de son histoire zoo-logique.

Dans le courant de l'année dernière, le hasard nous fit rencontrer en disséquant des Tanches, un certain nombre de ces parasites; vivement intrigué par leur singulier habitat, nous avons cherché à les mieux connaître.

La détermination n'en fut pas difficile, nous avions affaire à un Cestoïde, la *Ligula simplicissima* de Rudolphi; mais quant à son évolution et à son développement, nous n'avons trouvé dans les auteurs que des indications vagues, la plupart du temps hypothétiques.

C'est la raison qui nous a engagé à en entreprendre l'étude anatomique et physiologique et à essayer d'en déterminer le cycle, par une série d'expériences instituées dans le laboratoire de zoologie de la Faculté des Sciences de Lyon.

En publiant aujourd'hui les résultats auxquels nous avons été conduit, nous devons avant tout prier notre excellent maître, M. le professeur Lortet, de vouloir bien accepter le témoignage de notre reconnaissance pour l'appui et les conseils que nous avons toujours trouvés auprès de lui.

A notre travail personnel est venu se joindre celui d'un savant de notre ville mort prématurément. Héritier des papiers scientifiques du D\u1d3f *Bertolus,* M. le professeur Chauveau a bien voulu nous communiquer et nous permettre de publier le mémoire et les dessins inédits de son ami relatifs au *Développement du Bothriocéphale de l'Homme (Dibothrium latum.* Rudolphi.)

En notre qualité d'ancien élève de la Faculté des Sciences, nous nous permettons aussi d'exprimer à M. le professeur Faivre notre gratitude pour l'intérêt qu'il nous a toujours témoigné depuis le début de nos études scientifiques.

RECHERCHES

ANATOMIQUES ET PHYSIOLOGIQUES

SUR

LES LIGULES

— *L. simplicissima*, Rudolphi. — *L. monogramma*, Creplin. —

INTRODUCTION

La Ligule que nous avons étudiée est une des espèces décrites à l'état de larve sous le nom de *L. simplicissima* par Rudolphi ; arrivée à l'état parfait, elle constitue la *Ligula monogramma* de Creplin.

Afin de ne laisser aucun doute dans l'esprit des lecteurs, nous empruntons à Diesing la description et la synonymie si embrouillée de cette espèce.

Ligula monogramma, Creplin.

Corpus continuum hinc inde transverse rugosum. *Ovariorum* series solitaria, continua vel alternatim interrupta.

Longit. 1/2—5′ ; latit. 3‴—1″.

SYNONYMIA

Fasciola Colymbi immeris, Viborg, Ind. Mus. V et. Hafn. 241.

Ligula simplicissima, Rudolphi, in Wiedemann's Arch. III, 1-99.

L. Colymbi, Zieder, Naturg. 266. — Rudolphi, Entoz. Hist. III, 26.

L. Colymbi immeris, Rudolphi, Entoz. Hist. III, 26.

L. sparsa, Rudolphi, Entoz. Hist. III, 16, ej. Synopsis, 132 et 459. — Bremser, Icon., XI, 20 et 21. — Dujardin, Hist. nat. des Helminthes, 628. — Bellingham, in Ann. Nat. Hist. XV, 165. — Creplin, in Troschel's Arch. I, 79.

L. uniserialis, Rudolphi, Entoz. Hist. III, 12, tab. IX, t. I; et Synops. 132 et 459. — Bremser, Icon. XI, 20 et 21. — Dujardin, Hist. nat. des Helminthes, 628.

Bothriocephalus semiligula, Nitzch, in *Ersch* et *Grub* Encycl. XII, 98.

Ligula simplicissima Mergi, van Bœneden, Mem. Vers intest. 139, 142.

Statu larvæ. — Corpus sulco longitudinali simplici exaratum.

Longit. aliquot linearum, pollicum, v. pedum.

Tœnia cingulum, Pallas, N. nord. Beitr. I, 1-95-97.

Fasciola intestinalis, Linné, Syst. nat. edit. XII, 1078.

F. abdominalis, Goeze, Naturg. 187, tab. XVI, 4-6; et 189, tab. XVI, 7-9.

Ligula piscium, Bloch, Abhandl. 2, et *in* Beschaft Berlin. naturf. Fr. IV, 549.— Schrank, Verz. 3, ej. *Fauna Boica*, III, 133. — Frolich, in Naturf. XXIV, st. 123.

L. Petromyzontis, Schrank, in Vet. Act. Nya Handl. 1790-119, ej. *Fauna Boica*, III, 187. — Zeder. Naturg. 262.

L. Salvelini, Schrank. Bayer. Reise, 142. — Zeder. Naturg. 262.

L. abdominalis (Vimbae, Bramae. Gobionis, Alburni, Leucisci et Cobitidis), Gmelin. Syst. nat. 3043. — Zeder, Naturg. 263-265-266.

L. Tincae, Zeder, Naturg. 265. — Rudolphi, Entoz. Hist. III, 30.

L. contortrix. Rudolphi, Entoz. Hist. III, 18.

L. cingulum, Rudolphi, Entoz. Hist. III, 20.

L. acuminata, Rudolphi, Entoz. Hist. III, 24. — Nordmann, in *Lamark's*, Animaux s. vertèbres, 2ᵉ édition, III, 590.

L. Cobitidis, RUDOLPHI, Entoz. Hist. III, 28.

L. Salvelini, RUDOLPHI, Entoz. Hist. III, 28.

L. Wartmanni, RUDOLPHI, Entoz. Hist. III, 29.

L. carpionis, RUDOLPHI, Entoz. Hist. III, 29.

L. gobionis, RUDOLPHI, Entoz. Hist. III, 30.

L. Alburni, RUDOLPHI, Entoz. Hist. III, 31.

L. Leucisci, RUDOLPHI, Entoz. Hist. III, 31.

L. simplicissima, RUDOLPHI, Synops. 134 et 465. — BREMSER, Icon.
  XII, 1-3. — BLAINVILLE, in Dict. des Sc. nat. LVII, 611, tab. XLVI,
  5. — VAN BENEDEN, Mém. Vers intest. 139, 142.

L. edulis, BRIGANTI, in Atti della R. Acad. Scienze di Napoli, I, 209.
  enc. in Ferrussac's Bullet. d. Sc. nat. XIII, 167.

HABITACULUM. — *Statu larvæ : Lenciscus vulgaris* (Pallas) ;
L. rutilus (Hübner) ; *L. erythrophthalmus* (Bremser) ; *L.
pulchellus* (Baird, in America septent.) ; *Abramis blicca*
(Goeze) ; *A. brama* (Rudolphi et Bremser) ; *Aspius alburnus*
(Bremser et Brullé) ; *Gobio vulgaris et Carassius gibelio*
(Rudolphi) ; *Ammocetes branchialis* (Schrank) ; *Cobitis Tœnia*
(Frisch et Bloch) ; *Salmo salvelinus* et *Coregonus Wartmanni*
(Schrank) ; *Silurus glanis ; Esox lucius ; Perca fluviatilis ;
Lucioperca sandra*. In cavo abdominis, vario anni tempore.

Statu perfecto. — *Falco chrysaetos* (Braun) ; *F. albicilla*
(Bremser) ; *Ciconia alba* (Hildebrandt) ; *Ardea nycticorax*
et *alba ; Totanus glottis ; Sterna hirundo* et *nigra ; Colym-
bus septentrionalis* et *arcticus ; Podiceps cristatus* et *rubri-
collis ; Anas boschas fera ; Mergus merganser* (van Beneden) ;
Cum piscibus depastis in intestina translata, vario anni tempore [1].

La première partie de ce travail est consacrée à la revue historique de la question ; nous nous sommes efforcé de la faire
aussi complète que possible. La riche bibliothèque helmintholo-
gique de Bertolus, généreusement mise à notre disposition par

[1] Diesing, *Systema Helminthum*, I, 579-581. — *Revision der Cephalocotyicen
Abtheilung : Paramecotyleen*, 31-32.

M. Chauveau, nous a permis de remonter la plupart du temps aux sources mêmes, sans nous contenter d'analyses plus ou moins fautives.

Dans les chapitres suivants, après avoir fait l'histoire de la Ligule abdominale de la Tanche, nous en suivront les transformations durant son passage dans l'intestin des oiseaux aquatiques; enfin, le développement de l'œuf achèvera de nous faire connaître le cycle évolutif de ce parasite.

CHAPITRE PREMIER

—‒——

Connues déjà par Aristote, et figurées, mais d'une manière fautive, pour la première fois par Ruysch à la fin du dix-septième siècle, les Ligules ont, depuis une centaine d'années, attiré l'attention de la plupart des helminthologistes. Cependant, comme l'a fait remarquer un des derniers naturalistes qui se soient occupés de leur étude, M. van Beneden : « Ce sont parmi les vers cestoïdes, les moins bien connus et ceux au sujet desquels il y a le plus d'idées erronées répandues. »

Nous avons tenté de combler cette lacune, mais avant d'exposer les résultats auxquels nous ont conduit nos propres recherches, il nous paraît utile, à tous les points de vue, de rappeler les travaux de nos devanciers et d'exposer, dans un rapide résumé, l'opinion qu'ils s'étaient faite et de la structure et de l'évolution de ces parasites.

Sans nous arrêter autrement que pour les signaler aux observations de *Geoffroy*, de *Rongeard*, de *J. de Annone*, de *Rœderer* et de *Pallas*, frappés surtout de la présence des Ligules dans la cavité abdominale des poissons, nous arriverons à deux mémoires contemporains l'un de l'autre (1782), qui méritèrent les mêmes distinctions académiques, nous voulons parler des ouvrages de *Bloch* et de *Gœze.*

Bloch, dont le livre fut traduit en français en 1788 sous le titre de : *Traité des Vers et des vermifuges,* établit le genre *Ligula,* confondu par *Linné* avec les *Fasciola* (Douves) et en donne la caractéristique suivante :

« Les vers de ce genre sont lisses, sans articulations, et nous montrent au milieu et à chaque face une rainure. La queue est est un peu aiguë et leur tête est mousse. » *(Op. cit., p. 2.)*

Puis il en distingue deux espèces : la première est le *L. piscium* (Bandelette des poissons).

« On trouve, dit-il, dans le bas-ventre des différents poissons, ce ver blanc, dur et presque cartilagineux, qui a ordinairement de 3-6 lignes de large et 1 pied et jusqu'à 1 pied et demi de long. Comme il n'a ni articulations, ni les deux trous qu'on appelle pores, on ne saurait le ranger parmi les Tænias, où le mettait autrefois Linné, ni parmi les Douves, où le même auteur le plaça par la suite.

« Il m'était imposible d'y découvrir aucune ouverture, ni le le canal intestinal, ni un ovaire. En le regardant par la loupe on remarque sur son corps des raies fines et de petites échancrures à son bord ; il peut rendre sa tête pointue et lui donner la forme d'une languette.

« La peau s'en sépare par une légère macération et on remarque alors une substance pulpeuse, composée de faisceaux de fibres transversales.

« Il m'était impossible de reconnaître quelque chose de plus dans son organisation, ni par le pressoir, ni par le microscope. » (P. 3.)

La seconde espèce établie par Bloch est la *L. avium,* qu'il rencontra en grande quantité dans les intestins du Harle huppé, de la Piette et du Grèbe à oreilles. Quant à l'organisation, il avoue qu'il lui a été aussi peu possible de la reconnaître que celle de la *L. piscium,* « à part quelques petites lignes

transparentes qui touchent alternativement la rainure et paraissent être des pores. » Cette description est complétée par la
figure 2 de la planche I.

Bloch, d'après ses lettres à Gœze, avait penché pendant quelque
temps à admettre que ces deux espèces n'en faisaient qu'une et que
de l'abdomen des poissons le parasite passait dans l'intestin
des oiseaux. Pour s'en assurer, il tenta même des expériences
directes, mais probablement, pour une cause sur laquelle nous
aurons à revenir plus tard, le résultat fut complétement négatif.

Ce passage du *Traité des Vers* mérite d'être cité textuelle-
ment, car, outre son importance, il est rapporté d'une façon
inexacte dans le mémoire de M. van Beneden [1].

« Je fis offrir, dit Bloch, la *Bandelette des Poissons* et
le Tænia du Brochet et de l'Oie *à des Canards*, qui les ava-
lèrent tout vivants, de même que des Poules qui, s'associant à ce
repas, les dévorèrent; mais ayant fait l'ouverture de ces différents oiseaux quelque temps après, *je n'y trouvai plus*, outre
les vers qui leur sont particuliers, aucune trace de ces différentes
espèces. » (P. 94.)

L'auteur, du reste, est satisfait de ce résultat négatif, venant
à l'appui de sa théorie sur l'origine des vers des intestins; en
effet, quelques lignes plus haut, il s'exprime en ces termes :
« Si chaque espèce ne devait pas séjourner plutôt dans tel corps
que dans tel autre, elle se laisserait transplanter d'un animal
dans un autre, mais mes expériences et mes observations m'ont
prouvé le contraire. »

Ainsi donc, Bloch a ignoré la loi du parasitisme des Ligules,
et bien qu'il eût été tout près de résoudre la question, égaré
par ses idées théoriques et surtout par le besoin de les dé-

---

[1] « En secret, Bloch fait des expériences, il nourrit des Oies, des Canards et des
Brochets avec des Ligules vivantes : il les ouvre et ne trouve rien. » (Van Beneden,
Mém. sur les Vers intestinaux, p. 139.)

fendre, il ne fit pas de nouvelles tentatives où, peut-être, le hasard aidant, la cause d'erreur aurait été écartée.

Gœze, le contemporain et le correspondant de Bloch, décrit également [1] deux Ligules : 1° *Fasciola longa intestinalis* (p. 183) ; 2° *Fasciola intestinalis* (p. 186). Ces deux espèces sont représentées dans la planche XVI, figures 1-6.

Le passage du livre de Gœze, le plus intéressant pour nous est sans contredit la lettre de Bloch à laquelle nous faisions allusion tout à l'heure. « Bloch, dit-il, a pris cette année dix *Mergus minutus* et quatre *Mergus merganser* (des étangs) et sur douze a trouvé des Vers rubannaires de 1 pied à 1 pied 1/2 de largeur et sur lesquels il n'a pas trouvé plus d'organisation que sur ceux des poissons. Il les trouve cependant un peu différents en ce qu'ils sont plus longs, moins épais et pas si larges ; ils ont à l'extrémité une langue rouge. Ces parasites ne se trouvaient que sur les Canards qui se nourrissent de poissons, notamment sur les hôtes des étangs. » (P. 183 et 184.)

La première espèce de Gœze répond donc à la *L. avium* de Bloch.

Quant à la *Fasciola intestinalis*, ce n'est autre chose que la *L. piscium* du même auteur qui, d'après Gœze, se trouve dans presque tous les poissons de la Sprée, près de Berlin, et surtout dans le *Cypr. alburnus* (p. 187).

Quelques années plus tard, au commencement de ce siècle, un savant à jamais illustre, *C. A. Rudolphi*, élevait à l'helminthologie un véritable monument dans son : *Histoire natu- relle des Entozoaires* [2].

Les Ligules, bien entendu, n'ont pas échappé à cet observateur, et tout d'abord il est frappé par la simplicité de leur organisation : « Ligula certe, etsi interdum maxime et tres pedes

---

[1] Gœze, *Versuch einer Naturgeschichte der Eingeweidewürmer thierischer Körper* mit 44 Kupfertafeln. 1782.

[2] Rudolphi, *Entozoorum sive vermium intestinalium historia naturalis*. 1808.

longa observata sit, inter omnia quæ reperta sint Entozoa, maxime simplex videtur. » (I, 195.)

Contrairement à l'opinion de Gœze et d'accord avec Zederer, il considère le sillon longitudinal non comme un tube digestif, mais comme ayant des relations intimes avec les organes génitaux, la nutrition devant sans doute s'opérer par l'absorption lente des humeurs (p. 263).

Le mode de reproduction est complétement ignoré : « Ligulæ coitus partusque ignorantur... Ovariorum autem ratione habita, summam generum insequentium *(Tricuspidaria, — Bothriocephalus, — Tænia)* affinitatem crediderim. » Ces lignes doivent être signalées, car ici nous avons pu juger par nous-même, comme la suite le montrera, de la sagacité de ce naturaliste, sagacité dont nous allons bientôt trouver une nouvelle preuve et qui lui avait fait saisir une des principales affinités du groupe que nous étudions.

Quant à la place que doivent occuper ces vers au milieu des Entozoaires, Rudolphi les range parmi les Cestoïdes, après le genre *Caryophylleus,* avant les *Tricuspidaria* et *Bothriocephalus.*

Comme il n'entre pas dans le plan de ce mémoire de faire une révision du genre *Ligula,* nous dirons seulement qu'il en compte 21 espèces réparties en deux groupes selon que les ovaires sont apparents ou nuls. Celui-ci, comprenant les individus parasites de la cavité abdominale des poissons, le premier, ceux qui vivent dans l'intestin des oiseaux, aussi n'est-ce pas sans étonnement que nous y voyons figurer la *L. nodosa* de la Truite.

Le nombre des espèces est également très-exagéré, car il suffit d'en parcourir les descriptions pour reconnaître que beaucoup d'entre elles sont parfaitement concordantes, et plusieurs sont au moins douteuses. L'auteur, du reste, l'a compris ainsi, puisque dans ses travaux postérieurs il les a singulièrement réduites.

Dans le *Synopsis*[1] , en effet, les genre *Ligula* ne compte plus que sept représentants.

Mais chose bien plus importante, il est ainsi caractérisé (p. 132) :

« I. STATU ANTE EVOLUTIONEM : Corpus depressum, continuum, longissimum, sulco longitudinali medio exaratum. Neque capitis neque genitalibus conspicuis.

« II. STATU EVOLUTO : Corpus depressum, continuum, longissimum. Caput bothrio utrinque simplicissimo. Ovaria serie simplici aut duplici cum lemniscis in linea mediana. »

La lumière s'était faite dans l'esprit de Rudolphi : il croyait que la Ligula dépourvue d'organes génitaux n'est qu'un être imparfait, une sorte de larve. Mais dans quel milieu doit s'opérer ce dernier degré du développement qui permettra la propagation de l'espèce ? Là surtout nous devons admirer la pénétration de notre auteur qui, s'il ne l'a pas démontrée, a du moins deviné la loi de parasitisme des Ligules et, tout en reconnaissant que ce n'était encore qu'une hypothèse, était si bien convaincu qu'elle exprimait la vérité qu'il la soutint jusqu'au bout, malgré les accusations d'hérésie que lui lançait son ami Bremser.

L'importance de ce passage est telle d'ailleurs que nous ne pouvons nous dispenser de le citer en entier.

Après avoir fait remarquer que les Ligules des poissons ne présentent pas d'organisation, ce qui, soit dit en passant, est loin d'être vrai, et que celles des Oiseaux n'en diffèrent que par la présence des organes génitaux, Rudolphi continue :

« Quibus commotus Ligulas piscinas primo tantum vitæ studio contineri, ab avibus autem deglutitas alterum subire et legitima metamorphosi ovaria et lemniscos sensim explicare crediderim. *Bremserus* me hæc circa hereseos taxat, non possum

---

[1] Rudolphi, *Entozoorum Synopsis*, cui accedunt mantissa duplex et indices locupletissimi ; cum tab. III, ann. 1819.

tamen quin hypothesim meam proferam, mihi saltem proba-
bilem visam et discrimina Ligularum satis explicantem.

« Amicus scilicet ovaria Ligularum semper adesse credit,
piscinarum illa autem ob corpus crassum et durum haud in
conspectum venire ; in avibus vero Ligulas attenuari et calore
macerari, quo ovaria patefiant. Ipse vero Ligulas piscinas sæpe
summa diligentia examinavi et secui, ipse easdem passim
summopere extenuatas offendi aut reddidi, neque tamen ovariorum ullum exhibitum est vestigium.

« Ligulæ in piscibus et animalibus , quæ his vescuntur,
tantum occurrunt; in piscibus abdominales, in phoca et avibus
sunt intestinales, quod hypothesim meam auget. » (P. 459.)

Quelque cent pages plus loin, en parlant de la vie des
entozoaires, il revient encore sur ce sujet pour se montrer
peut-être plus affirmatif :

« Ligulam piscium scilicet abdominalem nunquam nisi
homogeneam et simplicissimam, illam autem avium aquatico-
rum, piscium esu degentium, intestinalem, mox uti in piscibus
occurit, mox plus minus mutatam offendimus, cui genitalia
feminea, mascula, quin ipsum caput evoluta sint. Piscinarum
vero Ligularum maceratione vel anatomica disquisitione nihil
organorum forsan latentium detegitur, quominus Ligulas illas
avium calore tantum extenuari et hæc in conspectu venire con-
tendas ; *sed vera*, me judice; *fit mutatio, secundo Ligulæ stadio vitæ debita, quæque primo, dum piscina est, fieri nequet.*

« Non enim diversa esso animalia eo probatur quod Ligulæ
integræ, vel eadem quæ partem cum piscinis ex asse conve-
nientes, novi ergo hospites in avibus reperiantur. Forsan etiam
Ligulæ idcirco tantum certum tempus in piscibus durare pos-
sunt et altero stadio proximæ pisces perforando evadere ten-
tant. » (P. 596 et 597.)

Ainsi donc pour Rudolphi, les Ligules des poissons ne sont
à proprement parler que les larves de celles des oiseaux; mais
rien ne lui en a donné la preuve absolue, il n'a même pas tenté

d'expériences et la chose reste pour lui une vue théorique : *Hypothetica esse concedo*, ajoute-t-il après le passage précédent, *veri similitudine tamen carere non videntur (Synops.*, p. 597).

Disciple de Rudolphi, *Creplin* n'hésite pas à se ranger complétement du côté de son maître et ses propres observations viennent corroborer leur commune opinion. En disséquant des Plongeons il trouve dans l'intestin des Ligules parvenues à différents degrés de développement; ce qui le frappe, ce ne sont pas les organes génitaux, mais la perfection plus ou moins grande de l'extrémité antérieure et des bothridies :

« In *Ligula simplicissima R.* hæc fissura (in capitis apice obtuso) invenitur et *os*, si licet ita nominare, bilabiatum inde oritur, quæ forma ab helminthologis dudum observata est. Sed ultro procedente evolutione corporis Ligulæ in intestinis avium hæc fissura sensim abit in bothriorum fissuræformium speciem, quæ utrumque capitis latus profunde findunt, apex vero capitis clauditur, ita, ut ore *Ligulæ simplicissimæ* bilabiato in *Ligula sparsa* R. perfecte evoluta prorsus evanescente, caput apice simpliciter obtuso terminetur [1]. »

Puis un peu plus loin, à propos de son *Schistocephalus dimorphus*, qui se trouve asexué dans l'abdomen des *Gasterosteus pungitus* et *aculeatus* et à l'état sexué dans le tube intestinal d'un certain nombre d'oiseaux de rivage, il ajoute : « Similis metamorphosis sed adhuc major in Ligulis avium accidit, a Ligula simplicissima omnibus, ni fallor, ortum ducentibus. » *(Op. cit.* p. 92.) Creplin ne s'exprime donc pas tout à fait dans les termes que lui prête Van Beneden [2]. .

C'est également à cet auteur que l'on doit les noms et les caractères différentiels de deux espèces de Ligules admises par Diesing, les *L. monogramma* et *digramma*, distinguées

---

[1] Creplin, *Novæ Observationes de Entozois*, p. 91, note. 1829.
[2] Van Beneden, *Mém. sur les Vers intestinaux*, p. 139.

l'une de l'autre par les ovaires disposés en séric simple ou double [1].

Nous arrivons maintenant à l'époque contemporaine et nous allons voir les mèmes incertitudes régner autour de l'hypothèse de Rudolphi, car c'est au premier helminthologue de nos jours qu'a échappé l'aveu que nous citions tout à l'heure en tête de ce mémoire.

Dans le travail dont nous avons déjà parlé plusieurs fois, M. van Beneden signale plusieurs faits importants de l'anatomie des Ligules ; nous y reviendrons plus loin, et nous rapporterons ici seulement ce qui a trait à l'évolution de ces parasites.

A l'exemple de Bloch, M. van Beneden a tenté de soumettre au contrôle de l'expérience les idées assez généralement admises du passage des Ligules dans l'intestin des oiseaux ; nous allons lui laisser exposer lui-même ces tentatives :

« Nous avons fait avaler, écrit-il , des Ligules provenant de Cyprins à des Canards domestiques et, quelques jours après, on ne trouvait plus rien dans leur intestin. Étaient-elles digérées et déjà évacuées ? C'est-ce qui ne nous paraît pas douteux. Les grandes Ligules ont eu le même sort que les petites.

« Ce résultat correspond à celui de Bloch ; cependant, nous sommes loin de le regarder comme très-important, surtout quand, dans les deux expériences que nous avons faites, les Ligules, tout en donnant quelques signes de vie, provenaient de Cyprins qui étaient hors de l'eau depuis la veille ou l'avant-veille.

« Les Ligules vivent donc dans la cavité du péritoine des poissons et jamais dans l'intestin, si ce n'est dans les oiseaux. Ces vers atteignent déjà toutes leur dimension dans les Cyprins et ne changent pas extérieurement dans les nouveaux hôtes à sang chaud. Leurs organes sexuels existent–ils seulement dans le dernier cas ? Creplin l'affirme. Quant à nous,

---

[1] Creplin, in *Ersch* et *Grub.*, Encyclop., XXXII, 295.

nous en doutons ; nous n'avons pas étudié des Ligules de poissons dans ce but et on les trouve trop rarement pour avoir pu décider cette question. . . . .

« Deviennent-elles seulement complètes et sexuelles chez les oiseaux ? Nous n'oserions l'affirmer ; au contraire, nous ne serions pas étonné si on démontrait que les Ligules des Harles, au lieu de se compléter dans les oiseaux aquatiques, y séjournent seulement et qu'elles sont évacuées ensuite, comme elles ont été introduites, avec le résidu des aliments [1]. »

On peut en juger par ces lignes, le professeur de Louvain est bien loin de Rudolphi et de Creplin. Un peu plus il n'hésiterait pas à condamner une opinion qui, si elle n'a pas encore pour elle d'expériences décisives, se présente du moins avec toutes les apparences de la vérité et est autrement satisfaisante pour l'esprit que l'hypothèse pour laquelle penche M. van Beneden, celle du passage accidentel et sans métamorphoses des Ligules des poissons à travers l'intestin des oiseaux ; la suite montrera ce qu'il faut en penser.

Nous ne parlerons ici que pour le mentionner du livre de Diesing *(Systema Helminthum)* ; on a vu déjà que cet ouvrage nous a fourni d'utiles renseignements pour la classification et la bibliographie des espèces du genre *Ligula* ; mais uniquement consacré à la description didactique des Helminthes, il ne renferme que peu de faits relatifs à l'anatomie et au développement de ces animaux.

Tel est l'état actuel de la question dont nous avons entrepris l'étude. Si dans cette revue historique certains points, en particulier ceux qui ont rapport à l'anatomie proprement dite, ont été un peu laissés dans l'ombre, c'est que nous aurons à y revenir en faisant connaître nos propres recherches et pour le moment nous n'avons pas voulu, en entrant dans ces détails, fatiguer l'esprit du lecteur.

---

[1] Van Beneden, *Mém. sur les Vers intestinaux*, p. 141-142.

CHAPITRE II

MŒURS DE LA LIGULA SIMPLICISSIMA

Ainsi que nous le disions dans l'introduction, l'apparition des Ligules dans les étangs de la Bresse remonte à sept ou huit ans ; jusqu'alors leur existence n'y avait pas été signalée ou s'il s'en était rencontré quelques-unes, le nombre en avait été si restreint que le fait avait passé inaperçu. Mais à l'époque dont nous parlons, ces parasites se montrèrent tout à coup en telle abondance qu'ils causèrent de véritables ravages parmi les hôtes de ces étangs et par suite firent subir au commerce des pertes sensibles.

La maladie semble être entrée depuis deux ans dans une période de décroissance ; aujourd'hui, cependant, les Ligules sont encore assez communes pour qu'il nous ait été facile de nous en procurer, et malheureusement elles ne sont pas encore arrivées dans notre contrée au degré de rareté que leur attribuent les helminthologistes.

Quelle qu'ait été leur fréquence, elles sont restées cantonnées dans les étangs que l'on rencontre à chaque pas sur le plateau marécageux de la Bresse et ont infecté principalement ceux où se rendaient de préférence les oiseaux aquatiques, en particulier les Canards, que l'on y rencontre par milliers. Elles n'ont jamais été trouvées, à notre connaissance du moins, ni dans l'un ni dans l'autre des deux fleuves de la région.

Toutes les espèces de poissons n'ont pas été non plus indistinctement attaquées; selon les renseignements que nous avons recueillis à ce sujet, les Cyprins seuls ont eu à en souffrir. On les a rencontrées quelquefois sur la *Carpe*, la *Brême* et la *Soëf* *(Chondrostoma Rhodanensis.* Blanchard); nous avons également vu les *Goujons* en renfermer assez souvent, fait qui remonte déjà à quelques années. Mais les ravages s'exercèrent surtout sur les *Tanches,* qui de beaucoup fournirent le plus grand nombre des victimes qu'il faut évaluer à plusieurs centaines de mille.

D'après cela, l'habitat des Ligules dans nos étangs paraît être assez restreint; elles ne nous ont jamais été signalées comme trouvées dans un poisson carnassier. Elles peuvent cependant s'y rencontrer parfois; Rudolphi en vit dans le musée de Vienne provenant du Brochet et de la Perche, mais il avait déjà remarqué leur plus grande fréquence chez les Cyprins : « Habitaculum in abdomine piscium fluviatilium, *præprimis Cyprinorum.* » *(Synops.,* p. 184.)

Nous avons donné plus haut, d'après Diesing, la liste des poissons dans la cavité abdominale desquels les auteurs ont signalé l'existence des Ligules, nous devons y faire quelques adjonctions dont deux importantes, la Carpe *(Cyprinus Carpio),* où Gœze les rencontra le premier, et la Tanche *(Tinca vulgaris),* chez laquelle leur présence fut constatée d'abord par Geoffroy, puis par Bonnet et qui, dans notre contrée, contrairement à ce qui passe en Allemagne et en Autriche, semble être le lieu d'élection de ces parasites.

L'habitat de ceux-ci pourrait donc aujourd'hui se délimiter de la façon suivante, et il suffira de jeter les yeux sur ce tableau dressé par familles pour y voir que les Cyprins y figurent en première ligne.

PERCIDÆ

Perca fluviatilis.
Lucioperca sandra.

CYPRINIDÆ

Cobitis tœnia.
Gobio vulgaris.
Cyprinus carpio.
Tinca vulgaris.
Cyprinopsis gibelio.
Abramis blicca.

Abramis bjaerkna.
Alburnus lucidus.
Scardinius erythrophthal-
   mus.
Leuciscus rutilus.
Squalius leuciscus.
Chondrostoma Rhodanen-
   sis.

SALMONIDÆ

Coregonus lavaretus.

Salmo Salvelinus.

ESOCIDÆ

Esox lucius.

SILURIDÆ

Silurus glanis.

PETROMYZONIDÆ

Petromyzon Planeri.

Bien que les anciens helminthologistes Gœze et Bloch indiquent l'arrière-saison pour l'apparition des Ligules, nous les avons trouvées dans la cavité abdominale de la Tanche à toutes les époques de l'année.

Le nombre en est variable avec chaque poisson; nous en avons compté ordinairement 4-5 par individu, plus rarement 1-2, quelquefois jusqu'à 15.

Souvent aussi elles ne présentent pas le même degré de développement, les unes ne mesurent que 1-2 centimètres, tandis que les autres, parvenues à leur entière croissance, atteignent une longueur de 20-30 centimètres. Leur largeur varie également, mais dans des proportions beaucoup moindres; on peut lui assigner comme moyenne 3-5 millimètres.

Elles sont repliées plusieurs fois sur elles-mêmes et enroulées autour du tube intestinal et des viscères abdominaux, disposition dont Gœze a donné une bonne figure [1]. Nous avons remarqué que les plus petits individus se trouvaient toujours au niveau du foie et de la dilatation stomacale.

La présence de semblables hôtes au milieu d'organes délicats doit, on le comprend sans peine, déterminer toute une série de phénomènes morbides et donner naissance à de graves lésions anatomiques. Aussi, avec un peu d'habitude, est-il facile de diagnostiquer à coup sûr l'existence des Ligules.

[1] Gœze, *Naturgeschischte der Eingeweidewürmer*, tab. XVI, f. 7.

Le ventre d'une Tanche porteur de ces parasites présente un développement insolite, un véritable ballonnement. En appuyant les index sur la face inférieure du corps, entre les nageoires pectorales et abdominales, on aperçoit une fluctuation évidente. A l'ouverture de la cavité abdominale, il s'échappe une quantité notable d'un liquide tantôt fortement sanguinolent, tantôt trouble et purulent, mais dans les deux cas entraînant toujours avec lui de gros flocons blanchâtres.

Ce liquide est coagulable par les acides nitrique et acétique. Examiné au microscope, il renferme des leucocytes normaux, d'autres granuleux, en nombre variable, selon le degré de purulence, des granulations graisseuses et molléculaires et des flocons de fibrine enserrant dans leurs mailles des leuco-cytes granuleux et quelques globules rouges; enfin, de très-nombreuses hématies quand il est sanguinolent.

Les circonvolutions intestinales, le foie, les ovaires ou les testicules forment une masse unique au milieu ou près de la surface de laquelle se trouvent les Ligules souvent enserrées par des brides péritonéales.

Le péritoine tant pariétal que viscéral, fortement épaissi, est recouvert par une couche de fausses membranes qui se laissent assez facilement enlever, soit par arrachement, soit par grattage.

Il n'y a pas trace d'hépatite.

D'après cet examen anatomo-pathologique, nous pouvons donc conclure que la présence des Ligules donne lieu chez la Tanche à une véritable *Péritonite chronique*.

Quant à la marche régulière du processus, nous avons pu la suivre quelquefois dans nos aquariums jusqu'à sa termi-naison.

Dans la région anale, on voit apparaître une saillie arron-die qui augmente rapidement de volume jusqu'à atteindre la grosseur d'une petite noix. Elle présente alors tous les carac-tères extérieurs d'un kyste limité par une membrane plus ou

moins transparente et dépourvue d'écailles, sur la surface de
laquelle se ramifient des vaisseaux sanguins.

Au bout de quelques jours ce kyste crève et les Ligules
s'échappent par cette ouverture ; quant au poisson, il ne survit
pas à cet accident.

Tel est, d'après ce que nous avons vu et d'après les récits
des pêcheurs, le mode ordinaire de terminaison de la maladie
dans nos contrées.

Assez souvent cependant, la Tanche meurt sans qu'il se
produise de rupture ; dans ce cas, il est probable que les Ligules
deviennent libres seulement quand une partie des chairs a été
détruite par la décomposition. Elles peuvent, en effet, vivre
pendant longtemps dans un pareil milieu : nous en avons conservé quelques-unes pendant plusieurs semaines dans des
poissons pourris et elles étaient encore parfaitement vivantes
lorsque, par suite de l'odeur infecte, nous avons dû cesser
l'expérience. Chose remarquable, celles que nous avons vues
sortir par l'ouverture du kyste avaient au contraire succombé
au bout de quelques heures, en se trouvant dans de l'eau du
Rhône sans cesse renouvelée ; l'une d'elles, dont une partie
était restée engagée dans l'abdomen du poisson, présentait le
singulier phénomène d'une portion morte et d'une portion
vivante.

Des parties du corps autres que les régions abdominale et
anale peuvent également donner issue aux Ligules, d'après
certains observateurs. *Blooh* les a vu sortir tantôt par le ventre, tantôt par l'un des côtés, le dos ou la tête, tantôt enfin
dans les environs de la queue. La plaie que laisse le ver est
oblongue comme celle d'une veine ouverte et sanglante *(op.
cit.*, p. 4). *Gœze* a observé les mêmes faits et représente un
de ces cas *(op. cit.*, tabl. xvi, f. 9) ; mais, d'après lui, la plaie
se cicatrise et le poisson n'en souffre nullement, remarques
qui ont été confirmées par *Rudolphi* (*Entoz. hist.*, p. 336).

CHAPITRE III

ANATOMIE DE LA LIGULA SIMPLICISSIMA

Après avoir exposé les mœurs de la *L. simplicissima*, nous devons en entreprendre la description anatomique.

Comme facies général, la Ligule a l'aspect d'un long ruban aplati, peu épais, de couleur blanc jaunâtre, un peu effilé à l'une de ses extrémités, plus large au contraire à l'autre. Sur chaque face et sur toute la longueur du corps est creusé ce sillon profond vu par tous les helminthologistes.

Il n'existe pas d'anneaux distincts, mais seulement un système de stries transversales qui paraissent vaguement en dessiner les limites.

Ces différentes dépressions ont donné lieu à bien des erreurs, le sillon longitudinal surtout ; le rôle de celui-ci, regardé autrefois comme un appareil digestif, a été soupçonné par MM. Blanchard[1] et van Beneden[2], mais ces habiles naturalistes ne se sont pas fait une idée exacte de ses rapports avec les organes génitaux.

Les extrémités méritent un examen spécial. Distinguées par

[1] Blanchard, *Annales des sciences naturelles*, t. XI, p. 156. 1849.
[2] Van Beneden, *op. cit.*, p. 140.

Bremser dans la Ligule des oiseaux, elles ne l'ont pas été par tous les auteurs chez celle des poissons. Creplin cependant avait donné de la partie antérieure une excellente description, que l'on a pu lire plus haut ; aussi sommes-nous un peu surpris de voir Diesing [1] prétendre avec Rudolphi que l'extrémité céphalique n'est pas visible. M. van Beneden en parle d'une façon si vague qu'il est mal aisé de le comprendre : « L'une des extrémités du corps est un peu plus effilée que l'autre, c'est probablement la tête, mais comme il n'y a ni ventouses ni crochets, cettte détermination est difficile. » *(Op. cit.*, p. 140.)

Nous retrouvons cependant ici les mêmes caractères distinctifs que dans la forme intestinale, ils sont seulement moins accentués.

De chaque côté de l'extrémité, à l'aide d'un faible grossissement, on voit une dépression peu profonde, mais assez bien délimitée, tout à fait analogue comme position et comme forme générale aux *bothridies* de la Ligule des oiseaux.

Un autre caractère non moins important, car il est la règle pour tous les Cestoïdes, peut être tiré de la situation des organes génitaux, desquels nous allons bientôt parler avec plus de détails. Pour le moment, nous dirons seulement que de ce côté, nous n'en avons pas retrouvé les vestiges, tandis que nous avons pu les suivre jusque dans l'autre extrémité.

Celle-ci un, peu plus petite et plus cylindrique que le reste du corps, est limitée par un bord arrondi ou plus ou moins profondément échancré selon les contractions de l'animal.

L'organisation des Ligules à cet état, quoique très-simple, n'est pourtant pas aussi rudimentaire qu'on l'a souvent répété. Nous l'avons étudiée avec soin sur des coupes transversales et longitudinales. Celles qui nous ont donné les meilleurs résultats ont été obtenues après une macération de 2-3 jours dans une solution d'acide chronique. Les pièces fraîches sont la plu-

[1] Diesing, *Systema Helminthum*, t. I, p. 579.

part du temps rendues opaques par les réactifs, ou transfor-
mées par certains d'entre eux, la glycérine en particulier, en
une sorte de magma translucide, où il est impossible de reconnaître les organes.

A première vue, la Ligule paraît formée de deux couches
principales: l'une externe, nous l'appellerons le *tégument*, l'autre
interne, molle, gélatineuse, promptement opacifiée par les
acides même dilués, nous la nommerons le *parenchyme*.

Si une Ligule reste plongée dans l'eau froide pendant vingt-
quatre heures, elle meurt bientôt, et sur toute sa surface se détache une pellicule molle, blanchâtre, qui conserve les impres-
sions des sillons ou des bosselures du corps ; en outre, sur
divers points, les couches tégumentaires se soulèvent en formant des bulles tout à fait analogues aux phlyctènes des brû-
lures, une certaine quantité de liquide étant interposée entre
elles et les parties profondes.

La pellicule est complétement amorphe et comparable sous
ce rapport à celle qui revêt les feuilles de certains végétaux ;
les plus forts grossissements, la dissociation, non plus que
l'emploi des réactifs n'ont pu nous y faire découvrir ni fibres,
ni cellules.

Au-dessous d'elle se trouve une série de plans formant ce
que l'on peut appeler la peau proprement dite et une épaisse
couche musculaire interposée entre celle-ci et le parenchyme.
(Pl. I, fig. 2 et 3.)

Nous devons faire remarquer ici que ces divisions sont plutôt
schématiques que réelles, car il est facile de voir que des fibres
de la région centrale forment la charpente du système tégu-
mentaire.

Quoi qu'il en soit, sur des coupes pratiquées de la façon que
nous venons d'indiquer et colorées au picrocarminate, voici
ce que l'on observe.

La couche la plus externe est formée par ces fibres centrales
qui se réunissent pour former des faisceaux légèrement ar-

qués (fig. 2, 3, *a)*. Au-dessous d'elle se voit une couche plus claire formée par ces mêmes fibres isolées et parallèles les unes aux autres (fig. 2, 3, *b)*. C'est dans ces deux régions que se rencontrent en plus grand nombre ces corpuscules calcaires qui incrustent les téguments de tous les Cestoïdes.

Puis vient ce plan musculaire épais, dont les fibres, circonscrivant des mailles irrégulières, sont toutes dirigées longitudinalement et ne deviennent faciles à reconnaître que sur une coupe du même sens (fig. 2, 3, *e)*.

Au milieu de ces diverses couches existe un réseau vasculaire que l'on rend très-apparent en ajoutant une goutte d'acide acétique à une préparation provenant d'une pièce fraîche ou conservée dans la glycérine. La réaction qui s'opère sur les granulations calcaires produit un notable dégagement gazeux qui distend ces vaisseaux et les fait apparaître nettement dans le champ du microscope.

Plus profondément se rencontre la partie dite *parenchymateuse* qui, a première vue, sur des pièces fraîches paraît être amorphe et renfermer seulement un certain nombre de corpuscules calcaires.

L'emploi de la solution chromique permet d'y distinguer des fibres dirigées perpendiculairement aux deux faces du corps (fig. 2, 3, *e)*, dont une partie traverse le plan musculaire pour arriver aux couches superficielles, et dont les plus latérales décrivent une courbe à concavité externe.

Enfin, par le picrocarminate on y découvre quelques faisceaux musculaires transversaux (fig. 2, *d)*.

C'est à cette structure essentiellement fibrillaire que nous attribuons le reflet nacré que présentent les préparations microscopiques examinées à l'œil nu sous un rayon un peu oblique.

Au milieu du parenchyme se trouvent les principaux organes de la Ligule.

De chaque côté se voient les *canaux latéraux* qui s'étendent sur toute la longueur du corps pour venir se terminer

à la *vésicule pulsatile*, située à l'extrémité postérieure. (Pl. 1,
fig. 5.) Ces canaux n'ont pas de paroi propre, ce sont plutôt
des lacunes creusées au sein du parenchyme; ils sont toujours gorgés d'une substance blanche qui en obstrue complétement la lumière et ne permet pas aux injections de péné-
trer dans leur intérieur : nous avons, en effet, essayé cette
préparation à plusieurs reprises, afin de pouvoir mieux en étudier le trajet, mais pour cette raison nous ne sommes jamais
arrivés qu'à des résultats insignifiants.

Depuis les travaux de M. van Beneden, le rôle de ces canaux,
qui existent chez tous les Cestoïdes, n'est pas douteux ; ils
constituent, non pas un tube alimentaire ou des vaisseaux sanguins comme on le prétendait naguères, mais des organes
d'excrétion dont le produit est expulsé par la vésicule
pulsatile.

Il en est de même du système vasculaire de la peau dont
également on avait voulu faire un appareil circulatoire.

Système nerveux. — *M. Blanchard*[1] décrit et figure chez
la Ligule un système nerveux situé dans la partie céphalique :

« Dans la portion centrale de la tête, exactement au point où
se trouve la partie fondamentale du système nerveux dans les
Tæniens et les Bothriocéphaliens, j'ai vu et j'ai isolé par la
dissection les principaux centres médullaires. Ici ils sont rap-
prochés et forment presque une seule masse, au lieu d'être sé-
parés, comme on le voit dans la plupart des Cestoïdes. Ces
ganglions fournissent en avant un nerf assez volumineux qui
présente dans les deux lobes antérieurs de la tête un renflement ganglionnaire d'où l'on voit naître de très-grêles filets
nerveux qui se distribuent dans le tissu musculaire de la région
céphalique antérieure. En outre, les ganglions principaux
fournissent latéralement quelques nerfs fort grêles, et en ar-

---

[1] Blanchard, *Ann. des sciences nat.*, *Zoologie*, 3° série, 1849, t. XI, p. 136. —
Règne animal, atlas, *Zoophytes*, pl. XLI, f. 3, 3ᵃ, 3ᵇ. — *Voyage en Sicile*,
pl. XVI.

rière deux cordons longitudinaux qui descendent parallèlement dans toute la longueur du corps. »

Nous n'osons pas, en présence d'une semblable autorité, nous prononcer catégoriquement dans un sens opposé, mais nous devons avouer que, malgré des recherches attentives, nous n'avons rien vu rappelant la disposition [décrite par l'habile anatomiste du muséum de Paris. Il n'est pas inutile d'ailleurs de faire remarquer combien est encore discutée l'existence du système nerveux chez les Cestoïdes.

ORGANES GÉNITAUX. — Au niveau du sillon médian on voit à l'œil nu, sur une coupe transversale une tache blanche assez irrégulière, de la disposition exacte de laquelle il est ainsi impossible de se rendre compte. Au microscope, au contraire, et même à un faible grossissement, on reconnaît qu'elle est formée par un amas granuleux qui dessine nettement deux organes parfaitement distincts l'un de l'autre (pl. I, fig. 6).

Partis tous les deux à peu près parallèlement du fond du sillon, après un trajet rectiligne, ils s'incurvent presque à angle droit et dans le même sens de telle sorte que l'un décrit une courbe enveloppant le second. Celui-ci, un peu plus long, se termine par une espèce de renflement formé par des granulations ; enfin sur leur parcours ils décrivent de légères sinuosités.

On ne peut y distinguer de paroi propre, mais on les reconnaît sans peine pour des corps destinés à se creuser en un canal débouchant à l'extérieur, et nous n'avons pas hésité à les regarder comme les rudiments des organes génitaux, opinion que l'expérience nous a démontrée comme parfaitement fondée.

Il est probable que ce sont là les *canaux transverses* de M. Blanchard *(op. cit.*, p. 136), mais la dénomination qu'il leur applique ne nous paraît justifiée ni par leur aspect, ni par leur structure.

Nous croyons également y reconnaître les *poches incuba-trices* de M. Brullé, mais seulement d'après la position, car nous n'avons jamais assisté à l'étrange phénomène décrit dans son travail.

« J'ai vu, dit-il [1], une Ligule que je venais d'extraire du corps d'une Ablette, pondre deux ou trois petits vivants qui sortaient de la ligne médiane du ver et qui étaient longs seulement de quelques millimètres. Ces petits vers ressemblaient à l'individu mère, si ce n'est que la partie antérieure de leur corps était plus élargie et plus épaisse que la partie opposée ; je ne puis mieux les comparer, sauf la grosseur, qu'aux spermatozoïdes de l'homme (p. 773). . . . .

. . . .

« On reconnaît facilement les poches génératrices, je n'ose pas dire les ovaires, puisque je n'ai pu découvrir la moindre trace d'œufs. Ces poches sont placées en travers, tout le long du sillon médian, et leurs ouvertures alternent assez irrégulièrement. Elles forment autant de culs-de-sac qui ont 2-3 millimètres de profondeur et ne paraissent pas ramifiées. Elles ne cessent d'être visibles qu'aux deux extrémités du corps des Ligules. » (P. 774.)

L'examen anatomique et histologique nous porte à douter de la justesse de cette observation, faite une seule fois du reste ; nous n'y voyons, en effet, que des organes encore à l'état embryonnaire, sans communication avec l'extérieur et uniquement composés d'amas granuleux ; il nous semble malaisé qu'ils puissent déjà jouer un rôle aussi important que celui d'appareils reproducteurs et cela d'une façon aussi insolite.

Mouvements. — Retirées du corps de la Tanche et exposées à l'air libre, les Ligules n'exécutent que des mouvements très-faibles. Elles s'allongent, se rétrécissent, ou bien au contraire s'élargissent, principalement à l'extrémité antérieure ; par place, on voit apparaître des nodosités séparées par des étran-

---

[1] Brullé, Observations sur les Ligules, *Comptes rendus de l'Académie des sciences*, t. XXXIX, p. 773-775.

glements, les bords se redressent en dessinant des festons irréguliers, le corps se raidit sur une étendue plus ou moins grande, surtout si l'on vient à le blesser avec un instrument piquant ; si on le coupe en morceaux, les téguments reviennent vers le centre, tandis que le parenchyme se retire, et la plaie est bientôt tellement rétrécie que l'on a quelque peine à la reconnaître.

A la température ambiante ou dans l'eau froide, tous ces actes s'effectuent avec une extrême lenteur.

Expérience I. — Si au contraire, on vient à placer les Ligules dans un bain à 40°, la scène change tout à coup et ces êtres, qui ne paraissaient doués que d'une obscure vitalité, manifestent une activité surprenante ; ils exécutent des mouvements rapides et variés, tantôt nageant à la façon des Tænias, tantôt se roulant et se tordant sur eux-mêmes. Les extrémités s'allongent, s'amincissent pour revenir bientôt à leur forme primitive ; elles sont le siége de contractions énergiques que nous ne pouvons mieux comparer qu'aux contractions vermiculaires de l'œsophage des Ruminants, phénomène surtout apparent à l'extrémité postérieure, qui se prolonge alors en une sorte de pointe fine, longue de plusieurs millimètres.

Dès que le thermomètre indique un abaissement d'une dizaine de degrés, les Ligules retombent dans leur état de torpeur habituel et il faut une nouvelle élévation de température pour voir les mouvements réapparaître.

Il n'y a rien, dans ce que nous venons de décrire, qui rappelle la désinvagination de la *L. nodosa* dont fut témoin le Dr Bertolus dont on trouvera les observations sur ce sujet, avec les conséquences qu'il en a tirées, dans le mémoire inédit que nous publions à la fin de ce travail.

L'expérience que nous venons de rapporter et que nous avons renouvelée un grand nombre de fois, toujours avec le même succès, nous fit penser qu'en dépit des tentatives malheureuses de Bloch et de van Beneden, on pouvait arriver à donner une preuve directe de l'hypothèse de Rudolphi : en effet, l'intestin des oiseaux aquatiques nous semblait constituer un milieu tout aussi satisfaisant quant à sa température, et ce ne devait pas être en vain que cet agent physique exerce une si puissante influence sur la vitalité des Ligules.

D'un autre côté, le genre de vie des Canards, Harles, Plongeons, etc., est éminemment favorable au trausport du parasite, et le fait des plus grands ravages exercés par les Ligules dans les étangs les plus fréquentés par le gibier était encore une raison importante en faveur de notre opinion.

Le résultat a pleinement confirmé nos espérances et c'est à la relation de ces expériences que sont consacrées les pages suivantes.

CHAPITRE IV

Dans le chapitre consacré à l'historique et dans les lignes qui précèdent, les raisons qui militent en faveur du passage des Ligules de la cavité abdominale des poissons dans l'intestin des oiseaux ont été exposées avec assez de détails pour qu'il soit inutile d'y revenir ici. Nous allons donc simplement relater les expériences que nous avons entreprises.

Elles ont toutes été tentées sur le *Canard domestique*, à cause de la facilité plus grande de se procurer des sujets. La façon de procéder a toujours été la même : les Ligules ont été ingérées immédiatement après avoir été extraites du ventre des Tanches, avec la seule précaution de les porter directement dans l'œsophage du Canard, afin d'éviter les blessures que n'aurait manqué de leur infliger le bec ou la langue.

Expérience II. — Afin d'éloigner dès le début toute cause d'erreur, nous avons tenu d'abord à nous assurer que, dans les conditions où nous allions nous placer, les Ligules ne sont pas digérées par le Canard. Nous en avons donc fait avaler une dizaine à un de ces oiseaux.

Le Canard, laissé sans autre nourriture, est tué trois heures

après ; la digestion, si elle avait eu lieu, devait donc être complétement terminée.

En pratiquant l'autopsie, nous trouvâmes nos Ligules éche-
lonnées dans l'intestin grêle et toutes parfaitement vivantes ;
elles manifestaient la même vivacité que dans l'eau à 40°, et,
comme dans ce milieu, les mouvements se ralentirent gra-
duellement avec l'abaissement de la température.

Nous étions autorisé à conclure de là que ces Cestoïdes
peuvent vivre dans le tube intestinal du Canard ; il nous res-
tait donc à déterminer les phénomènes subséquents, c'est-à-
dire les modifications que la durée du séjour pouvait apporter
aux divers organes, et c'est dans ce but qu'ont été instituées
les expériences suivantes.

Expérience III. — Le 21 décembre 1875, un Canard avale
douze Ligules ; il est laissé ensuite en demi-liberté et nourri
avec des pommes de terre et du pain. On prend soin de s'assurer que les Ligules ne sont pas expulsées avec les matières
fécales.

Le 29 décembre, l'oiseau est sacrifié. En ouvrant l'intestin,
nous ne trouvons plus qu'*une seule Ligule* dans l'intestin grêle,
mais elle est pleine de vie. Sa coloration, légèrement modifiée,
est un peu plus jaune, le corps semble aminci, caractères qui
n'avaient pas échappé aux anciens observateurs. Les anneaux
ne sont pas mieux indiqués que sur les individus provenant
des poissons.

Les extrémités rappellent à première vue ce que nous avons
précédemment décrit ; mais en les examinant avec plus de soin,
on reconnaît que si la postérieure ne présente pas de différences
sensibles, il n'en est pas de même pour l'antérieure : les bothridies, simplement indiquées, se sont creusées plus profondément et leurs bords ont pris l'aspect d'une double lèvre ;
il n'y a pas trace de ventouses ni de crochets (Pl. 1,
fig. 4).

Le sillon médian a disparu ; il est même remplacé par une

série de bosselures dues à la présence, dans la profondeur du corps, de matrices gorgées d'œufs. Au sommet de ces bosse-lures, on découvre, avec un peu d'attention, une petite dépres-sion *(pore génital)*.

Les ovaires disposés en une seule série alternent par rap-port à la ligne médiane d'une façon assez irrégulière.

A ces divers caractères nous reconnaissons sans peine la *L. monogramma*, Creplin.

Cette expérience était bien de nature à nous confirmer dans l'idée que nous avions admise du parasitisme des Ligules, conformément aux observations antérieures ; mais un seul fait n'était pas suffisant pour résoudre le problème, car on aurait toujours pu nous objecter une simple coïncidence, d'autant plus que, sur douze vers avalés par le Canard, un seul avait été retrouvé.

Nous eûmes même, nous devons l'avouer, quelques craintes de nous être trompé, car deux tentatives de suite semblèrent d'abord nous donner un résultat négatif ; fort heureusement il ne fut pas de même des suivantes qui, en outre, vinrent éclairer celles-là d'un jour nouveau.

Voici du reste l'exposé des faits.

Expérience IV. — Le 22 janvier 1876, un Canard avale neuf Ligules ; il est soumis ensuite au régime que nous avons indiqué plus haut.

Le 29 janvier, en pratiquant l'autopsie, nous trouvons dans l'intestin des quantités considérables de Tænias, mais pas une seule Ligule, bien qu'aucune d'elles ne se soit échappée par l'ouverture anale.

Expérience V. — Le même jour (22 janvier), trois Ligules de grande taille sont avalées par un second Canard ; mêmes précautions que pour l'expérience IV.

Nous attendons jusqu'au 4 février pour tuer l'oiseau, et, comme dans le précédent, nous ne trouvons que des Tænias.

Ces deux expériences paraissaient donc devoir nous conduire

à une conclusion tout autre que la précédente; nous eûmes alors l'idée d'examiner au microscope les déjections des deux Canards, et bien nous en prit, car, au milieu des débris alimen- mentaires, nous rencontrâmes en assez grande quantité des œufs absolument semblables à ceux que nous avions vus dans les matrices de la Ligule de l'expérience III. Sans pouvoir en- core l'affirmer, nous fûmes tout naturellement portés à penser que l'évolution des Ligules devait être très-rapide, puisque, peu de temps après leur ingestion, elles disparaissent en ne laissant d'autres traces que leurs œufs.

Les deux expériences suivantes nous en fournirent la preuve.

Expérience VI. — Le 17 février 1876, nous faisons avaler par un Canard six Ligules de 25-30 centimètres de longueur, après nous être préalablement assuré que les déjections ne contenaient pas d'œufs pouvant être confondus avec les leurs.

Le 21 février, le Canard est sacrifié et nous retrouvons vivantes *trois Ligules,* deux dans l'intestin grêle et l'autre dans un habitat assez singulier : elle avait pénétré dans un des cæcums, dont l'extrémité était fortement dilatée afin de pouvoir la loger. Tous ces parasites étaient pourvus de ma- trices gorgées d'œufs complétement développés, et, en outre, en examinant les matières contenues dans le tube digestif, nous en trouvâmes un grand nombre provenant sans doute des Ligules disparues.

Ainsi donc, quatre jours suffisent pour que les organes gé- nitaux achèvent leur développement et que les œufs soient produits et fécondés, fait que nous pouvons avancer sans crainte, puisque ce sont des œufs provenant de ces Ligules qui nous ont servi dans nos recherches ultérieures sur le dévelop- pement de l'embryon.

Une dernière expérience va achever de démontrer la rapi dité de cette évolution.

Expérience VII. — Le 2 mars, un Canard avale sept Ligules; il est tué le lendemain, vingt-quatre heures après, et nous retrouvons dans l'intestin grêle toutes nos Ligules vivantes.

Les organes génitaux étaient déjà arrivés à un complet développement et c'est sur des individus provenant de cette expérience que nous avons pu étudier l'appareil mâle.

La rapidité de cette évolution est pour nous la cause à laquelle il faut attribuer les insuccès de Bloch et de van Beneden, car, sans aucun doute, ces expérimentateurs laissèrent s'écouler un laps de temps trop considérable entre le moment de l'ingestion des parasites et celui où ils les recherchèrent dans l'intestin des Canards.

Cette série d'expériences, qui toutes nous ont donné des résultats parfaitement concordants, apporte une preuve décisive à l'opinion de Rudolphi et de Creplin, et, contrairement aux tendances de M. van Beneden, nous sommes en droit d'affirmer que :

La L. simplicissima R., *vivant dans la cavité abdominale de la Tanche est la larve de la* L. monogramma, Creplin, *et qu'elle doit, pour achever son évolution, passer dans l'intestin des oiseaux aquatiques qui se nourrissent de poissons* (ex. : le *Canard domestique.)*

On peut se demander encore de quelle façon le parasite est amené dans son nouvel habitat : d'après les observations des helminthologistes que nous avons si souvent cités et qui ont trouvé en même temps dans le tube intestinal de différents oiseaux (dans le *Mergus merganser* en particulier) des Ligules et des poissons en train d'être digérés, il doit arriver le plus souvent que les vers sont avalés avec leur premier hôte, mais d'un autre côté, le fait qu'ils s'en échappent spontanément, nous porte à croire qu'ils doivent aussi être ingérés à l'état libre, d'autant plus que le volume des poissons s'oppose souvent à ce qu'ils soient déglutis d'un seul coup, car, parmi les Palmipèdes de nos étangs, il en est peu qui soient munis d'un pharynx et d'un œsophage aussi complaisants que ceux du grand Harle.

Quant au parasitisme en dehors des oiseaux, on ne peut l'admettre que comme une coïncidence accidentelle. Les faits de ce genre sont d'ailleurs extrêmement rares ; nous n'en avons retrouvé que deux et encore sont-ils loin d'être bien certains.

Le premier, rapporté par Rudolphi[1], d'après une observation faite en Suède vers 1763, concerne une jeune fille de vingt-cinq ans qui avec des Tænias aurait rendu des fragments de Ligule. Avant même la publication de l'*Histoire des Entozoaires*, Bloch avait démontré combien il était difficile d'admettre l'introduction avec les aliments d'une Ligule vivante, par des expériences entreprises pour répondre à Rosen de Rosenstein prétendant que la chose était possible et que lui-même avait vu plusieurs fois des Ligules vivantes dans des poissons cuits[2].

Le second cas a été observé à Vienne sur un jeune Phoque *(P. vitulina)* par Rudolphi qui avait même fait de ce spécimen unique sa *L. crispa*, et, vu le genre de vie du Phoque, il n'y avait rien de bien étonnant qu'une Ligule fût demeurée quelque temps dans son intestin. Mais Diesing, après l'avoir admis dans son *Systema Helminthum* (I, p. 583), rapporte maintenant ce parasite au *Schistocephalus dimorphus*, genre voisin des Ligules, observé d'autres fois sur les Phoques, et avec d'autant plus de raison que la larve vit dans les poissons du genre *Gasterosteus* propre aux mers du Nord[3].

[1] Rudolphi, *Entoz. hist.*, I, p. 96.
[2] Bloch, *op. cit.*, p. 5. 6, 7.
[3] Diesing, *Revision*, etc., p. 35

CHAPITRE V

ANATOMIE DE LA LIGULA MONOGRAMMA

Nous avons fait connaître, dans le chapitre précédent, les différences qui existent à l'extérieur entre la larve et l'état parfait de la Ligule ; ces différences, on a pu en juger, sont assez minimes, les plus importantes portent sur les modifications qu'a subies l'extrémité antérieure.

Nous n'avons non plus rien de nouveau à ajouter pour tout ce qui touche aux téguments et à l'appareil excréteur, leur structure et leur disposition étant identiquement les mêmes sous ces deux états.

La transformation intestinale étant caractérisée surtout par le développement des organes génitaux, nous devons nous attacher à en donner une description exacte.

C'est sur des individus provenant de l'expérience VII que nous avons pu en faire l'étude complète.

Ces appareils, simplement indiqués dans la larve (Pl. I, fig. 6) ont pris alors l'aspect représenté par les figures 7 et 8.

Comme tous les Cestoïdes, les Ligules sont hermaphrodites et les deux sexes sont réunis dans un même zoonite, c'est même

leur seule présence qui permet chez ces êtres dégradés de reconnaître ce caractère commun à tous les animaux articulés.

L'organe mâle (Pl. I, fig. 7-8, *a)*, bien moins long que
l'organe femelle *(b)*, est situé en dehors de celui-ci, qu'il
enveloppe dans sa concavité.

Sa partie profonde est constituée par un tube qui, après un
trajet assez court, débouche dans un renflement d'un certain
volume séparé par un étranglement d'une nouvelle dilatation
dans certains cas; dans d'autres, au contraire, une portion tubu-
laire vient déboucher à l'extérieur dans une cupule creusée au
fond du sillon médian. C'est avec cette dernière disposition que
nous avons retrouvé le *pénis* décrit par plusieurs helminthologistes sous le nom de *lemniscus;* il est très-long et très-grêle,
ce qui le rend assez difficile à distinguer (fig. 8, *p)*.

Sur les côtés des organes génitaux et arrivant jusqu'auprès
du canal latéral, existe une série de vésicules renfermant des
cellules plus petites (fig. 7, *t.*) ; rudimentaires chez la larve,
elles prennent ici un développement considérable.

Faut-il y voir les vésicules transparentes, décrites chez les
Tænias par M. van Beneden, et par conséquent de véritables
testicules ; nous ne pouvons l'affirmer, n'étant pas arrivé malgré nos soins à y découvrir une communication avec l'appareil
excréteur ; cette communication, du reste, d'après le même
observateur, ne peut-être saisie qu'au moment physiologique
du passage du liquide fécondant.

Quoi qu'il en soit, aux différentes parties que nous venons de
décrire nous assignerons les rôles suivants :

Le sperme formé ou reçu par le tube terminal serait ensuite
enmagasiné dans le premier renflement qui deviendrait ainsi
l'analogue du *réservoir spermatique* des Cestoïdes articulés,
mais réduit à un état extrême de simplicité. Le second renflement constituerait alors la *poche du pénis*, ce qui explique la
différence d'aspect, suivant que cet appendice y est renfermé
ou au contraire déployé à l'extérieur.

Organe femelle (fig. 8, *b*). — Une cupule un peu plus large que celle de l'organe mâle et située à côté d'elle en constitue l'orifice extérieur. Elle donne accès dans un tube qui s'enfonce perpendiculairement dans le parenchyme jusqu'au-dessous du réservoir spermatique ; à ce niveau, il s'incurve presque à angle droit pour se porter en dehors, décrit sur son trajet une série de sinuosités, puis présente un renflement volumineux à la partie supérieure duquel vient déboucher un autre tube parallèle à la portion horizontale du premier et terminé en cœcum, le diamètre de cette extrémité étant un peu plus considérable que celui du parcours.

Cette dernière partie peut-être regardée comme le *germigène*, le renflement comme le *vitellogène*, et le tube flexueux deviendra la *matrice*, tandis que la portion rectiligne constitue le *vagin*.

Cette manière d'envisager l'appareil femelle des Ligules comme formé des mêmes parties que celui des Cestoïdes articulés, mais à un état de simplicité beaucoup plus grand, est confirmée par le développement ultérieur.

Quand les matrices sont gorgées d'œufs, il est assez difficile de se rendre compte de leur structure ; nous avons cependant trouvé parmi nos Ligules qui avaient séjourné quatre jours chez le Canard un individu arrivé à un moindre degré de développement que ses compagnons : une pièce durcie dans la solution d'acide chromique nous a fourni la coupe représentée par la figure 9, après que les œufs en avaient été chassés en partie par le pinceau.

L'organe mâle est à peu près atrophié, il n'en reste plus qu'une poche triangulaire communiquant avec l'extérieur.

L'organe femelle est presque uniquement représenté par la matrice qui a pris un développement considérable : elle est formée par un tube à parois propres décrivant de nombreuses et profondes sinuosités : sur l'un des côtés existe encore le renflement que nous avons décrit comme le vitellogène ; sur des

préparations fraîches nous l'avons trouvé rempli de granulations vitellines et nous avons constaté également que les œufs
renfermés dans la partie voisine de la matrice étaient encore
immatures.

Sur des individus dont l'évolution est plus avancée, on ne
trouve plus trace de l'organe mâle, tandis que les œufs accumulés
dans la matrice lui font prendre des dimensions considérables et
la distendent dans tous les sens. Il est souvent difficile alors d'y
reconnaître la disposition primitive ; le vagin, même parfaitement visible encore dans l'état représenté par la figure 9, se
raccourcit de plus en plus et finit par s'effacer presque complétement.

Autour de ces amas d'œufs se développent de nombreuses
fibres transversales décrivant un arc dans la concavité duquel
ils sont compris.

Pour terminer ce qui a trait aux organes génitaux, il nous
reste à parler d'un corps singulier que nous n'avons pas
observé d'une façon constante et dont le rôle nous est totale-
ment inconnu. Il consiste en une espèce de tube corné, con-
tourné en spirale irrégulière et se trouve logé sur des côtés
de la matrice. Il paraît contenir une matière graisseuse.
(Pl. I, fig. 12.)

CHAPITRE VI

EMBRYOLOGIE

Les œufs, avons-nous dit, sont renfermés dans des matrices
tubuleuses qui, par suite de leur présence, acquièrent un volume considérable ; ils paraissent s'y développer en nombre
variable, car, à une simple inspection, on se rend compte des
différences sensibles que, sous ce rapport, présentent les ré-
ceptacles.

Quant à la façon dont ils s'en échappent, nous croyons que
les choses doivent se passer à peu près comme chez les autres
Cestoïdes, où la matrice se rompt après la mort, et par la désa-
grégation des tissus du proglottis, avec cette différence que la
Ligule n'étant pas composée d'anneaux doit périr tout entière et subir dans l'intestin l'action des sucs digestifs. En
faveur de cette manière de voir, nous rappellerons les expériences IV et V où des œufs furent retrouvés dans les déjections des Canards, et l'expérience VI où, à côté de trois Ligules
vivantes, nous rencontrâmes, dans le tube digestif même, des
œufs en grand nombre, accusant le passage de celles qui avaient
déjà terminé leur existence.

Nous ne pensons pas, en effet, qu'ils puissent être expulsés
directement par la matrice, le vagin constituant un canal beaucoup trop étroit pour leur livrer passage, et si une fois ou deux

nous avons trouvé vide un réceptacle isolé, il nous a toujours été facile de reconnaître les traces d'une rupture due à une cause extérieure

Ces œufs, d'une coloration brunâtre, sont régulièrement ellipsoïdes ; ils rappellent beaucoup ceux du *Dibothrium latum*, mais avec de plus petites dimensions ; leur grand diamètre mesure en effet 60 μ [1] et le petit, 40, tandis que ceux du Bothriocéphale atteignent 65-80 μ et 45-60 μ (Bertolus). (Pl. II, fig. 1.)

La coque lisse et assez résistante présente une épaisseur de 2 μ environ ; une zone noire, évidente seulement un peu avant ou bien après l'éclosion de l'embryon ou sur des œufs inféconds, dessine les limites de deux segments, dont les hauteurs respectives sont 12 et 48 μ. On ne voit pas, au pôle opposé à l'opercule, le tubercule si sensible sur les œufs du Bothriocéphale. (Pl. II, fig. 6-7-8-11.)

Près du centre, on distingue la vésicule germinative (fig. 1, *v*). Les granulations vitellines remplissent exactement la capacité de la coque quand l'œuf est complétement développé ; elles sont au contraire agglomérées au milieu quand il est immature, ce que l'on reconnaît facilement à l'épaisseur et à la transparence de l'enveloppe.

C'est sur des œufs ainsi constitués, que nous avions recueillis directement dans les matrices d'une Ligule provenant de l'expérience VI, que nous avons étudié les différents phénomènes de la formation de l'embryon.

Celui-ci, on peut le dire, était complétement inconnu ; deux auteurs seulement en font mention, et encore avec une divergence totale. Diesing, qui les cite dans sa *Revision der Cephalocotyleen*, donne, d'après Wagener, ces quelques mots : « Embryo adhuc dubius, Ligulæ speciei incertæ, ovalis, uncinulis sex, subrectis versus unam extremitatem » (p. 31), puis il renvoie au mémoire de M. van Beneden, lequel dit simplement que

---

[1] μ = 1 millième de millimètre.

« le tissu qui constitue l'embryon est granuleux et on ne voit
rien qui ressemble à des crochets. » *(Op. cit.*, p. 141.)

De ces deux propositions, l'une est erronée, l'autre tellement hypothétique et incomplète, qu'il est permis de la regarder comme fantaisiste. L'observation directe des faits est donc le
seul guide auquel nous avons dû avoir recours pour la solution
de ce second problème, en tâchant de nous placer dans les conditions les plus favorables et le plus près possible de la nature.

Le genre de vie des Ligules, tant à l'état de larve qu'à l'état
parfait, nous conduisait à penser que le développement du nou -
vel être devait avoir lieu au sein des eaux ; c'est dans ce milieu
que nous avons placé les œufs, en ayant soin d'entretenir un
courant artificiel pour en empêcher la putréfaction.

L'appareil dont nous nous sommes servi est des plus sim-
ples et des plus faciles à construire ; il consiste en deux vases
de verre de la capacité de trois quarts de litre environ, mis en
communication par un siphon terminé par un tube capillaire de
manière à ce que l'écoulement ne se fasse que goutte à goutte.
Il suffit donc de placer alternativement le vase plein d'eau
un peu au-dessus de l'autre pour obtenir un courant presque
constant sans avoir la crainte de voir les œufs entraînés au
dehors. Avec une pipette, on va chercher ces derniers au fond
du vase qui les contient et il est aisé de suivre jour par jour
les modifications dont leur contenu est le siége.

Les premiers phénomènes que l'on observe sont la disparition
de la vésicule germinative et la contraction du vitellus (fig. 2).
On voit ainsi entre la coque et son contenu se dessiner un espace
clair nettement limité.

Au bout de la première semaine, le vitellus s'est segmenté
dans toute son étendue ; il est représenté alors par un amas de
vésicules sphériques remplies de granulations *(Sphères organiques* de Coste ; fig. 3). Quelques jours après, toute la masse
est transformée en cellules complètes pourvues d'une membrane d'enveloppe et d'un noyau, à contenu granuleux (fig. 4).

Les choses restent en cet état jusque dans le courant du qua-
trième septenaire; mais à cet époque, on voit apparaître vers
le centre de l'œuf un espace clair qui, d'abord très-petit,
s'étend peu à peu, c'est la tache germinative, premier vestige
de l'embryon (fig. 5).

Celui-ci se montre bientôt sous la forme d'un corps sphérique ou ellipsoïde inclus dans la coque (fig. 6.); en même temps,
on commence à distinguer l'opercule, tandis que s'effacent les
cellules de la couche interne. A cette période, on ne voit pas
encore de crochets, mais un peu plus tard, on en reconnaît
l'existence de trois paires au pôle opposé à l'opercule. .

La situation de l'embryon dans l'œuf n'est pas indifférente
à noter, nous l'avons constamment trouvé orienté de la même
façon (fig. 7). Arrivé à son entier développement, il occupe
les deux tiers environ de la capacité de la coque (le troisième
tiers étant rempli par des granulations et trois ou quatre globules
polaires) et se trouve plus rapproché de l'opercule que de l'autre
extrémité, du côté de laquelle on voit l'appareil hexacanthe,
contrairement à ce que Bertolus a figuré chez le Bothriocéphale (fig. 15).

On n'aperçoit pas alors de revêtement ciliaire, et, quant aux
mouvements, ils sont rares et consistent seulement dans l'écar-
tement des crochets.

Les œufs avaient été placés dans l'appareil décrit plus haut
le 21 février, le 30 mars nous eûmes le plaisir de voir pour la
première fois l'embryon nager dans le champ du microscope,
et avec un peu de patience nous sommes arrivé à être témoin
de l'éclosion même.

L'opercule s'ouvre brusquement et une partie du corps fait
alors hernie hors de la coque ; aussitôt les cils se déploient et se
mettent en mouvement: grâce à cette agitation et aux contractions du reste du corps, le jeune aminal est libre au bout de
quelques secondes, tandis que derrière lui s'échappent trois ou
quatre globules polaires.

Dès sa sortie de l'œuf, l'embryon se met à nager avec une telle rapidité que l'on a peine à le suivre, même avec un faible grossissement, passe avec une remarquable adresse entre les petits corps qui pourraient obstruer sa route et parcourt dans tous les sens le champ du microscope : mais bientôt son activité se ralentit et il devient alors plus facile de l'étudier.

Il est formé de deux sphères emboîtées l'une dans l'autre (fig. 9) ; la sphère extérieure d'un diamètre de 50-55 μ est transparente, formée de grandes cellules hexagonales et porte sur toute sa surface un revêtement de longs cils qui constituent les organes de locomotion.

La sphère interne ne mesure que 24 μ de diamètre, elle est composée de petites cellules hexagonales (fig. 10, *a*), pourvues d'un noyau et remplies de granulations brunes, coloration qui la fait immédiatement distinguer de la première. C'est elle qui porte l'appareil hexacanthe formé de trois paires de crochets disposés comme les aiguilles d'un cadran dont deux seraient sur midi, les deux autres sur dix heures et la troisième paire sur deux heures.

Ces crochets (fig. 10, *b*) tous semblables entre eux ont une longueur de 13 μ, ils se composent d'une partie recourbée ou *lame*, d'une apophyse assez longue ou *talon*, enfin du *manche* qui mesure les 2/3 de la longueur totale.

Cette sphère interne doit être regardée comme le véritable embryon, analogue à l'hexacanthe des Tænias, tandis que la sphère externe, destinée sans doute à disparaître une fois son rôle terminé, constitue simplement un organe têmporaire que Bertolus (V. l'appendice) a nommé l'*embryophore*.

Les mouvements dont cet être est animé sont des plus curieux à étudier. Tout à fait au début de sa vie à l'état libre, alors que sa course est si rapide, on le voit par moment s'al - longer en ovoïde de manière à passer entre deux obstacles ; mais ensuite il conserve constamment la forme sphérique et nage en roulant sur lui-même ; puis, son activité se ralentissant de plus en plus, il n'est plus animé que de mouvements giratoires et de trépidation. Cette période est de beaucoup la plus longue, nous l'avons vue durer plus de vingt-quatre heures, mais avec une diminution graduelle d'intensité; enfin les cils sont les derniers à s'arrêter en même temps qu'ils disparaissent.

La sphère interne est le siége de contractions énergiques qui ont pour résultat de faire mouvoir les crochets, mais dans des directions variables suivant leur position. La paire médiane est projetée en avant, tandis que les deux autres le sont latéralement en même temps qu'elles s'écartent de la première : en outre les deux crochets de chaque paire peuvent s'éloigner l'un de l'autre.

Ainsi constitué, l'embryon de la *L. monogramma* rappelle en tous points celui du *Dibothrium latum* (Pl. II, fig. 16, 17); ils sont l'un et l'autre munis d'un appareil ciliaire et des six crochets portés par une sphère incluse dans celui-ci ; le mode de segmentation du vitellus et du développement postérieur est absolument le même dans les deux espèces. La durée de l'évolution, qui est de six semaines pour la Ligule, était, d'après Bertolus, de six à sept mois pour le Bothriocéphale, mais au moment où nous écrivons ces lignes, nous venons d'obtenir des embryons de ce dernier parasite après *deux mois* seulement de séjour dans l'eau.

Le travail inédit que nous publions en appendice fera d'ailleurs mieux connaître, les singulières ressemblances qui existent entre ces deux animaux et que de nouvelles observations étendront peut être à toute la famille des *Dibothria*.

L'état larvaire du Bothriocéphale tel que l'a soupçonné Bertolus constituerait une différence notable dans l'histoire zoologique de celui-ci, mais ici nous nous trouvons en présence d'une hypothèse dont notre compatriote n'a pas eu le temps d'essayer la démonstration.

Des causes physiques peuvent arrêter les phénomènes dont

l'œuf est le siége : nous avons conservé pendant deux mois des œufs arrivés à la période de formation des cellules sans y apercevoir aucune nouvelle manifestation d'activité vitale, simplement en n'aérant pas l'eau dans laquelle ils étaient placés. Puis, dès que le courant artificiel eut été rétabli, les choses se passèrent comme pour les premiers et au bout de quelques jours les éclosions avaient lieu.

On comprend l'importance d'un pareil fait au point de vue pratique ; les étangs peuvent rester à sec pendant plusieurs mois, les œufs enfouis dans la vase y trouvent assez d'humidité pour ne pas se dessécher, mais le milieu ne permet pas leur développement. Que les eaux reviennent par suite des pluies ou de toute autre cause, aussitôt tout reprendra sa marche habituelle et l'étang pullulera de nouveau du redoutable parasite.

Que deviennent ces embryons ciliés après leur sortie de l'œuf ? Aujourd'hui nous ne pouvons encore nous prononcer sur cette question, les expériences que nous avons instituées pour tâcher de suivre jusqu'à la fin les métamorphoses des Ligules ne nous ayant pas encore donné de résultat. Il est pourtant permis de penser qu'ils doivent être avalés par les Cyprins, qu'arrivés dans l'estomac, la sphère externe se détruit, que la sphère interne, l'hexacante, devenu libre, à l'aide de ses crochets perfore les tissus et va se fixer dans un point quelconque du péritoine pour y donner naissance à la véritable larve. Nous ajouterons même, en faveur de cette manière de voir, que nous avons trouvé fréquemment, sur des Tanches provenant des étangs de la Bresse, dans des kystes microscopiques situés au milieu des fibres de la tunique externe de l'intestin et très-près de la surface, des parasites rudimentaires qui pourraient bien être des Ligules en voie de développement : la suite de nos observations nous montrera s'il faut accepter ou rejeter cette opinion.

CONCLUSIONS

Après avoir rempli le cadre que nous nous étions tracé, nous croyons utile de résumer les principaux faits dans les quelques propositions suivantes :

1° La *Ligula simplicissima* de la Tanche est la larve de la *L. monogramma*.

2° Pour arriver à l'état parfait, caractérisé surtout par le développement des organes génitaux, ce Cestoïde doit passer par l'intestin d'un oiseau aquatique (par ex. : le Canard domestique).

3° Cette évolution est extrèmement rapide : quatre jours suffisent pour que les œufs soient aptes à la reproduction. Au delà de ce temps, les Ligules meurent et disparaissent.

4° L'œuf donne naissance à un embryon composé de deux sphères incluses l'une dans l'autre, l'extérieure ciliée *(embryophore)*, l'interne portant six crochets *(hexacanthe)*.

APPENDICE

MÉMOIRE SUR LE DÉVELOPPEMENT

DU

DIBOTHRIUM LATUM

(RUDOLPHI)

— Bothriocéphale de l'Homme —

PAR

LE DR BERTOLUS

DÉVELOPPEMENT

DU

DIBOTHRIUM LATUM

(RUDOLPHI)

— Bothriocéphale de l'Homme —

Les recherches dont je présente ici le résultat, commencées il y a bientôt trois ans, n'ont été entièrement terminées que cet été, pendant un séjour que j'ait fait aux bords de la Méditerranée ; loin de chez moi et du reste occupé à d'autres travaux, j'avais renvoyé à mon retour la publication de ce mémoire, lorsque, passant à Turin, j'appris de M. le professeur de Filippi, que le Dr Knoch, de Saint-Pétersbourg, lui avait parlé de recherches analogues qu'il avait faites et publiées dans son pays.

Devant séjourner quelque temps à Gonòvo et ne voulant pas perdre entièrement le fruit de mes recherches, j'envoyai de cette dernière ville une note contenant un résumé de mon travail, note qui fut présentée à l'Institut par M. le professeur Milne-Edwards le 21 septembre 1863. Ce n'est que huit jours après que je trouvai chez mon ami Édouard Claparède la troisième livraison du manuel de Leuckart dans laquelle le savant professeur de Giessen rend compte des résultats qu'il a obtenus lui-même sur le même sujet.

Bien que mon travail n'eût plus par cela même le mérite de la nouveauté, je pense qu'il ne sera pas inutile de le publier. Les différences qui me paraissent diviser les deux auteurs pourraient être éclairées par une troisième observation complétement indépendante : je ne changerai donc absolument rien aux notes que j'ai recueillies.

En étudiant l'évolution des différentes espèces du genre *Bothriocéphala*, on observe des différences notables dans l'état des œufs au moment de la ponte.

Chez plusieurs espèces appartenant à nos poissons d'eau douce *Dib. (proboscideum* ; *Dib. . . .* des Salmones ; *Dib. rugosum* des Gades), on retrouve dans l'œuf, au moment de la rupture de l'ovisac un embryon hexacanthe comme dans tous les Tænias.

Chez d'autres espèces, au contraire, telles que le *Dibothrium* de l'Homme et le *Dib. . . .* du Renard, l'œuf est expulsé avant d'avoir présenté la moindre trace de développement.

Les seuls travaux qui aient paru jusqu'ici sur ce sujet ont porté sur les espèces de la première catégorie, chez lesquelles on pouvait suivre dans l'animal même toutes les phases du développement de l'embryon ; encore verrons-nous plus loin que cette étude n'a été poussée à bout par aucun des auteurs qui s'en sont occupés.

Mais chez les Bothriocéphales des Mammifères et notamment chez celui de l'Homme, quelles étaient les conditions qui devaient déterminer le développement de l'embryon ? à quelle forme se rattachait ce jeune animal et dans quel milieu devait-on le chercher ? autant de questions jusqu'ici restées sans réponse.

Cependant, en 1857, le Dr Verloren présenta à une réunion de naturalistes siégeant à Bonn un dessin posthume de son ami le Dr Schubärt représentant un embryon de Bothriocéphale de l'Homme ; mais l'auteur n'ayant laissé aucun texte explicatif de cette figure, il était permis de supposer qu'on avait affaire à un dessin purement théorique, opinion que devait confirmer encore la singulière analogie que présentait le dit embryon, d'un côté avec l'embryon des Tænias, de l'autre avec celui des Trématodes.

En cherchant quelles pouvaient être les conditions nécessaires à ce développement, j'avais été porté, en remarquant l'analogie que présentait l'œuf du Bothriocéphale de l'Homme avec celui des Bothriocéphales des Poissons et celui des Trématodes, à supposer que c'était dans l'eau que devait se développer ce jeune parasite. L'idée assez généralement admise chez la plupart des helminthologues, de la présence probable du scolex de notre Bothriocéphale dans quelques poissons d'eau douce, m'avait du reste paru d'autant plus acceptable que, presque indigène des bords du Léman, j'avais pu, depuis longtemps, me convaincre que, dans cette patrie du Bothriocéphale, la plus grande partie des œufs libérés de ce parasite devaient être entraînés dans les eaux du lac et de ses affluents.

Dès 1860, je résolus de vérifier cette hypothèse : je ne connaissais nullement, je dois le dire, le fait de la réunion de Bonn qui, en admettant le dessin comme exact, m'eût confirmé dans mon hypothèse.

Dans ce but, je plaçai dans un flacon de la contenance d'un demi-litre environ, un long fragment mûr, provenant d'un Bothriocéphale trouvé dans le cadavre d'une femme morte par submersion, par mon ami, le Dʳ Rouge, alors interne à l'hôpital cantonal de Genève.

Au bout de quelque temps, je remarquai dans les œufs de ce parasite une division du contenu en cellules, mais peu de temps après je ne trouvai plus que des œufs ouverts spontanément et vides ; l'odeur sulfhydrique que dégageait l'eau de mon flacon me fit comprendre que les œufs s'étaient décomposés.

Je jugeai de là que je devais tenter l'expérience avec de l'eau courante afin de me rapprocher des conditions naturelles.

Dès l'année suivante j'organisai à cette intention un petit aquarium dans mon laboratoire.

Le 11 novembre 1861, je reçus de Genève un fragment de Dibothrium long d'environ 1 mètre, provenant d'une personne de ma famille. Ce fragment, rendu la veille et par conséquent parfaitement frais, fut placé dans un vase cylindrique en verre de 15 centimètres de haut sur 10 de diamètre dans lequel venait tomber un mince filet d'eau : le courant est organisé de manière à ce qu'il se produise un léger mouvement giratoire au fond du vase ; l'orifice d'écoulement est assez élevé pour que les œufs d'une densité supérieure à celle de l'eau ne puissent être entraînés.

Au bout de deux mois il n'y avait plus au fond du vase qu'un résidu pulvérulent, grisâtre et au milieu duquel il était facile de récolter les œufs à l'aide d'une petite pipette.

J'examinais ces œufs à peu près chaque semaine et je suivis avec le plus vif intérêt leur développement complet.

Le lundi 21 avril 1862, à mon retour d'une excursion d'un mois, je trouvai plusieurs œufs contenant un embryon ovoïde, armé de six crochets et assez vivace. Les jours suivants j'examinai ces jeunes parasites dont je pris plusieurs esquisses, mais une indisposition ne me permit pas d'achever mes dessins sur nature et je fus bientôt obligé de laisser de côté le microscope et de faire une absence de plusieurs mois.

Lorsque je rentrai dans mon laboratoire, l'aquarium dont le courant avait été interrompu tout l'été ne contenait plus que des coques ouvertes et vides.

Je dus donc recommencer à nouveaux frais.

Le 3 novembre 1862, je reçus de M. Horand, deux fragments de Bothriocéphale de 1^m 50 et 2 mètres de long provenant de l'un de ses clients. (Je note ici que les deux fragments appartenaient évidemment à deux chaînes distinctes ; quant au porteur il n'avait jamais voyagé que pour venir de Belley, sa patrie, à Lyon, où il était fixé depuis plusieurs années.)

Je plaçai immédiatement dans mon aquarium 1 mètre de chaque chaîne et j'examinai en même temps les œufs provenant des proglottis immédiatement au-dessus des portions mises en expérience.

Ceux-ci paraissaient plus avancés que ceux de l'expérience précédente ; malgré cela, ce n'est que dans les premiers jours de mai que j'aperçus pour la première fois un embryon.

Depuis cette époque jusqu'au milieu du mois d'août, j'ai observé presque chaque jour ces jeunes animaux : ce sont les résultats de ces deux expériences successives que je présente dans les lignes suivantes.

L'œuf du Bothriocéphale de l'Homme, au moment de la rup-ture du proglottis, est formé d'une coque ovoïde d'un brun assez foncé, exactement remplie d'une masse vitelline granuleuse.

L'ovoïde général mesure de 7 à 8 millimètres de longueur sur 5 à 6 de large; la coque, lisse, résistante, a une épaisseur moyenne de 1-2 millièmes de millimètres ; elle s'épaissit un peu au niveau du gros pôle de l'œuf et présente en ce point un petit mamelon arrondi, saillant au dehors, première trace du filament qui se rencontre chez un grand nombre d'œufs de Cestoïdes et de Trématodes.

Cet appendice plus ou moins volumineux, suivant les échantillons, me paraît constant chez l'espèce qui nous occupe; mais il faut, pour qu'on le voie bien, qu'il soit exactement placé au pôle de l'ovoïde et que celui-ci repose sur le porte-objet dans une position parfaitement horizontale.

Je n'ai pas retrouvé le mamelon polaire dans les œufs du Dibothrium du Renard.

Lorsque l'on comprime fortement quelques-uns de ces œufs entre deux lames de verre, la coque éclate avec bruit et se fend de manière à présenter une ouverture cunéiforme dont les marges rayonnent du centre de l'œuf vers le plus petit pôle de l'ovoïde.

On n'aperçoit pas encore la ligne de démarcation de l'opercule ; celle-ci n'apparaît qu'au moment où l'embryon est par-
venu à son entier développement. A cette époque, on distingue,
vers le pôle le plus étroit de l'œuf, une ligne circulaire limitant une petite calotte de 15-20 millièmes de millimètre de
diamètre ; bientôt et sous l'impulsion de l'embryon lui-même,
cette calotte se détache comme le couvercle d'une boîte et donne
issue au jeune animal. On observe aussi la séparation de l'opercule sur des œufs morts qui sont soumis à la putréfaction,
comme cela arrive dans une eau croupissante, par exemple.

Si on examine attentivement sur des œufs ouverts et vides
la forme de l'orifice ainsi formé, on remarque qu'il n'est pas
exactement circulaire, mais composé d'une série de petits élé-
ments rectilignes qui lui donnent de face un aspect dentelé.

Du reste, sauf cette ouverture spontanée au moment de
l'éclosion, la coque ne présente pendant tout le temps de l'évolution aucun changement appréciable ni dans sa forme, ni dans
son volume, ni dans sa coloration.

La cavité circonscrite par cette enveloppe est, au moment
de la libération de l'œuf, exactement remplie d'une masse
vitelline opaque, composée de granules extrêmement ténus,
inégaux, d'aspect graisseux, serrés sans ordre les uns contre
les autres.

Après un séjour plus ou moins prolongé dans de l'eau courante, cette masse vitelline se divise tout à coup en cellules
sphéroïdes de 10 millièmes de millimètre de diamètre.

J'ai trouvé une fois (chez les animaux qui ont servi à ma
seconde éducation d'embryons) des œufs ainsi divisés en cellules dans des anneaux assez éloignés de l'extrémité de
la chaîne, au moment même de l'expulsion du parasite. Mais
chez tous les autres échantillons que j'ai observés, le vitellus
ne présentait à cette époque aucune trace de division ; celle-ci
n'a commencé à s'opérer, dans les deux autres expériences,
qu'après un mois environ de séjour dans l'eau.

Dans cet état de division, le vitellus ne remplit plus exactement la coque, et l'on aperçoit ordinairement, vers le petit pôle, un étroit espace vide entre l'enveloppe et son contenu.

Ce mouvement de condensation se manifeste de plus en plus à partir de ce moment pendant toute l'évolution de l'embryon, jusqu'à sa maturité complète, de telle sorte qu'au moment de l'éclosion, le jeune animal ne remplit plus qu'environ les deux tiers de la capacité de l'œuf.

Peu de temps après la division du vitellus en cellules, on aperçoit au centre de la masse une tache transparente, ovale, ou tache embryonnaire; l'opacité de la coque et des cellules vitellines empêche qu'on puisse distinguer la moindre trace d'organisation dans ce nouvel organisme qui ne devient plus nettement visible qu'après avoir acquis un volume déjà assez considérable.

Peu à peu cette tache centrale se développe aux dépens de la masse qui l'entoure, tandis que celle-ci continue à se contracter sensiblement sur elle-même. Au bout de 5-6 mois, le vitellus est entièrement absorbé par la tache embryonnaire.

C'est à ce moment que commencent à apparaître les six crochets caractéristiques des embryons de Cestoïdes.

Vers le même moment se manifestent les premiers mouvements de l'embryon, mouvements lents et faibles de contraction qui semblent comprendre toute la masse embryonnaire.

A partir do cette époque, et pendant un ou deux mois encore, celle-ci subit un mouvement de rétraction sur elle-même, en même temps qu'il apparaît une ligne de démarcation de plus en plus tranchée, limitant à l'intérieur de la masse totale un corps sphéroïde, c'est l'embryon qui remplit alors environ les deux tiers de la coque et se montre composé de deux parties, dont l'interne seule, armée des six crochets caractéristiques, continue à se mouvoir dans son enveloppe.

Bientôt les quelques débris vitellins qui restaient entre l'embryon et la coque paraissent agités de mouvements giratoires rapides ; en même temps se dessine la ligne de démarcation de l'opercule, enfin celui-ci se détache et par l'orifice sort spon‑ tanément le jeune parasite.

Au moment de sa sortie de la coque, l'embryon se meut rapidement dans l'eau, en décrivant un trajet curviligne pendant qu'il tourne sur lui-même à la façon de la plupart des infusoires ciliés. La rapidité de sa course empêche alors de saisir facilement les détails de son organisation, mais lorsqu'il est emprisonné dans une goutte d'eau sous le microscope, il ne tarde pas à ralentir sa course, et, au bout de quelques heu‑ res, les mouvements cessent complétement ; il est facile alors de l'examiner.

Il se compose de deux parties distinctes.

L'*embryon proprement dit* est un petit corps sphéroïde me‑‑ surant 35-40 millièmes de millimètres de diamètre et armé des trois paires de crochets caractéristiques de l'embryon des Cestoïdes ; sa masse est constituée par un amas de cellules allon‑ gées ; vers le centre de la masse on remarque chez quelques individus une cavité sphéroïde dans laquelle il ne m'a pas été possible d'apercevoir des mouvements pulsatiles.

Les crochets, sensiblement égaux dans les trois paires, me‑ surent une longueur totale de 13 millièmes de millimètre ; la lame, relativement large, est appuyée, à sa base, sur une petite apophyse grêle et allongée ; le manche est très-long et très effilé.

Cet embryon est enveloppé de toute part par un corps sphéroïde creux ou *embryophore* de 45-50 millièmes de milli‑ mètre de diamètre, entièrement recouvert d'une forêt de cils vibratils très-longs (10-15 millièmes de millimètre) et d'une finesse extrême.

Cet embryophore présente une épaisseur moyenne de. . . . . ; l'embryon, bien qu'enfermé de toute part dans sa ca‑‑ vité, peut s'y prouvoir librement. A la paroi externe adhèrent

de nombreux petits granules sphériques très-réfringents qui
ne sont autre chose que des globules de graisse.

On n'aperçoit chez l'espèce qui nous occupe aucune trace
d'organisation dans l'embryophore lui-même; mais chez l'embryon du *D. proboscideum,* de la Truite, on reconnaît facilement que cette enveloppe est constituée par de larges cellules
prismatiques.

Cette conformation nous fait regarder l'embryophore des
Dibothrium comme l'analogue de la coque en mosaïque des
Tænias.

Si l'on comprime fortement notre embryon entre deux lames
de verre, l'embryophore s'étale, tout en conservant un contour
parfaitement circulaire, mais l'embryon en s'aplatissant prend
une forme ovale, allongée.

Si l'on cherche à se rendre compte du sort qui attend cet
embryon après sa sortie de l'œuf, on peut, en consultant les
lois de l'analogie, prédire presque à coup sûr qu'il ira s'enkyster
dans le parenchyme de quelque animal aquatique pour y subir
une transformation analogue à celle de tous les embryons de
Tænias étudiés jusqu'ici.

En effet, le milieu dans lequel vit le jeune animal, et surtout
ce remarquable revêtement ciliaire à l'aide duquel nous l'avons
vu sortir spontanément de sa coque, indiquent surabondamment
que pendant la première période qui succédera à son éclosion,
sa destinée est de nager librement dans l'élément liquide; mais
la concordance complète entre l'embryon inclus et les proscolex des grandes espèces du genre Tænia ne permet pas de
supposer que notre jeune animal passe à l'état de rubannaire
directement sans subir la phase cystique.

Je ne connais malheureusement le travail du Dʳ Knoch que
par une courte analyse que j'ai lue dernièrement dans un jour-
nal médical. Quoi qu'il en soit, les expériences sur lesquelles
il base son opinion du développement direct de notre Bothriocéphale ne sauraient convaincre tout homme qui a étudié le dé-

veloppement des Helminthes. En effet, ses essais d'enkystement artificiel en introduisant les embryons dans des plaies saignantes sont trop contraires au procédé naturel de la migration des embryons dans le torrent circulatoire pour qu'on puisse en attendre autre chose qu'un résultat négatif; mais de plus, le choix que le naturaliste russe a fait de ses animaux d'expérience devait fatalement le conduire à ce même résultat. Comment, en effet, supposer qu'un proscolex que toutes les lois de l'analogie et de la distribution géographique nous démontrent devoir se développer chez un poisson, comment admettre, dis-je, que ce proscolex puissent subir son évolution chez un chien ou tout autre mammifère, quand nous voyons les embryons destinés au mouton ne pas se développer chez le lapin et réciproquement.

Quant à l'expérience dans laquelle le Dr Knoch croit avoir vu des embryons de Bothriocéphale se développer directement dans l'intestin du Chien, il faudrait qu'elle fût répétée plusieurs fois pour nous convaincre; nous n'y ferons pour le moment que deux objections : 1° le Chien mis en expérience n'avait-il pas mangé quelque poisson ou débris de poisson? 2° est-il bien démontré que les scolex trouvés dans son intestin appartenaient à un Bothriocéphale? Si j'en juge par la figure reproduite par Leuckart, figure que je n'ai du reste fait qu'apercevoir, je serai assez disposé à croire qu'on a eu affaire sinon à un Tænia inerme (ce qui serait fort possible) au moins à un Bothriocéphale autre que le *latum*.

Mais dans quel poisson doit-on rechercher la phase cystique de notre parasite? J'avais déjà fait de nombreuses recherches sur les différentes espèces du lac de Genève, lorsque mon savant ami, le Dr Dor, de Vevey, me communiqua sur ce sujet une opinion du professeur Retzius : le savant naturaliste suédois avait fait la remarque que le Bothriocéphale de l'Homme avait une extension géographique concordant entièrement avec les limites des migrations des Salmones.

Déjà plusieurs fois, en disséquant des Truites du lac de

Genève, j'avais observé le ver connu des anciens helmintho-logistes, sous le nom de *Ligula nodosa* et j'avais inutilement essayé de me rendre compte de l'organisation de ce parasite quand, vers la fin de l'hiver 1862, j'eus l'occasion d'ouvrir une grande Truite dont toute la surface externe de l'estomac et des appendices pyloriques était couverte de kystes à *Ligula nodosa*, chez lesquelles j'arrivai à me convaincre que les dites Ligules ne sont autre chose que les scolex d'un Cestoïde du genre *Dibothrium*.

On sait que la plupart des cysticerques trouvés invaginés dans leur kyste se désinvaginent aussitôt qu'on les plonge dans de l'eau portée à la température de 35°-40°, température égale à celle des milieux dans lesquels ils doivent achever leur développement. Ce fait est surtout très-remarquable chez le petit ver cystique de l'Arion qui, vivant enkysté dans un animal à sang froid, est destiné à se développer chez un oiseau.

J'eus donc l'idée de plonger comparativement une certaine quantité de *L. nodosa* moitié dans l'eau à 40°, moitié dans l'eau froide : au bout de vingt minutes de séjour dans l'eau chaude, ces animaux avaient entièrement changé d'aspect.

Leur longueur avait plus que doublé et elles paraissaient alors composées de deux parties très-distinctes, l'une ressem-blant parfaitement à l'ancien animal avec ses rides et ses corpuscules calcaires, mais se terminant par une extrémité cylindro-conique divisée par deux profondes fossettes très-semblables aux ventouses de notre Bothriocéphale : à l'autre extrémité du corps se voit un tube lisse plus étroit que le corps du ver et entièrement dépourvu de corps calcaires.

En suivant de près ces changements de forme on voyait dis-tinctement la désinvagination se produire par l'orifice qui avait été regardé jusqu'ici comme une ventouse.

En conservant ces scolex dans l'eau et dans une cham-bre chaude, je trouvai, au bout de deux ou trois jours, la partie caudale lisse, macérée et tombant en lambeaux, tandis que la partie antérieure, le vrai scolex, plein de vie, jouissait encore de toute la vigueur de ses mouvements.

'L'analogie entre ce scolex et la partie dite céphalique de notre Bothriocéphale me parut d'autant plus évidente que j'avais sous les yeux deux scolex qui, comme forme, faisaient le passage entre ces deux êtres.

La seule différence qui existe entre l'extrémité antérieure de ces soi-disant Ligules et celle du Dibothrium de l'Homme, c'est que chez les deux premières les lèvres des deux fossettes sont un peu moins accentuées que chez le rubannaire adulte ; elles sont pour ainsi dire seulement ébauchées, il y a, en un mot, entre elles la même différence qui existe entre un scolex de Tænia quelconque, au moment de sa désinvagination, et ce même scolex observé sur une chaîne entièrement développée. Tous les contours sont moins accentués, différence qui provient évidemment du défaut d'exercice des parties musculaires.

Mais je pouvais d'autant mieux rapprocher ces deux formes de scolex comme appartenant probablement à la même espèce que j'avais sous les yeux la forme intermédiaire, dans deux scolex de Bothriocéphale que j'avais trouvés l'année précédente dans l'intestin d'un Chien de forte taille ayant appartenu à l'un des restaurateurs en renom de notre ville.

Frappé de cette analogie, je résolus d'entreprendre une expérience pour tenter d'obtenir le Bothriocéphale par l'ingestion des *L. nodosa.* Malheureusement je n'ai pu, depuis cette époque, me procurer une seule fois de ces scolex pour fournir à une expérience sérieuse.

OBSERVATION

Pendant que nous terminions notre mémoire sur les Ligules, nous avons pu suivre à notre tour le développement du *Dibothrium latum*. Nos observations concordent absolument avec celles du Dr Bertolus, excepté sur un seul point.

On a vu que, dans deux expériences successives, il lui avait fallu attendre six ou sept mois pour obtenir l'embryon cilié ; au moment où nous publions son travail, une éclosion a lieu dans notre laboratoire, *deux mois* seulement après l'expulsion des proglottis.

Voir, pour le développement du Bothriocéphale, planche II, figure 12-17
et l'explication de la planche.

FIN

TABLE DES MATIÈRES

EXPLICATION DES PLANCHES

PLANCHE I

FIG. 1. — *Ligula simplicissima*. — *a*, extrémité antérieure ; *p*, extrémité postérieure.

FIG. 2. — Coupe transversale. — *a*, couche superficielle ; *b*, deuxième couche uniquement formée par des fibres perpendiculaires ; *c*, épaisse couche musculaire à fibres longitudinales ; *d*, quelques faisceaux musculaires transversaux ; *e*, fibres du parenchyme.

FIG. 3. — Coupe longitudinale (les lettres désignent les mêmes couches que dans la figure précédente).

FIG. 4. — Extrémité antérieure *(L. monogramma)*. — *b*, bothridie.

FIG. 5. — Extrémité postérieure (coupe parallèle après macération dans l'acide chromique). — *vp*, vésicule pulsatile ; *cl*, canaux latéraux.

FIG. 6. — Organes génitaux rudimentaires ; A, organe mâle ; B, organe femelle.

FIG. 7. — Organes génitaux après vingt-quatre heures de séjour chez le Canard. — A, organe mâle ; *p*, poche du pénis ; *r*, réservoir spermatique ; *t*, vésicules transparentes ; B, organe femelle ; *v*, vagin ; *m*, matrice ; *o*, vitellogène ; *g*, germigène.

FIG. 8. — Autre coupe. — *p*, pénis ; *cc'* orifices externes des organes génitaux.

FIG. 9. — *Ligula monogramma*. — *o*, ovaires (disposition caractéristique) après quatre jours, chez le Canard.

FIG. 10. — Coupe transversale montrant une matrice remplie d'œufs.

FIG. 11. — Organes génitaux. — A, organe mâle en voie d'atrophie ; B, organe femelle ; *o*, vitellogène ; *m*, matrice tubuleuse dont les œufs ont été enlevés.

FIG. 12. — Corps particulier de la matrice où il n'existe pas d'une façon constante.

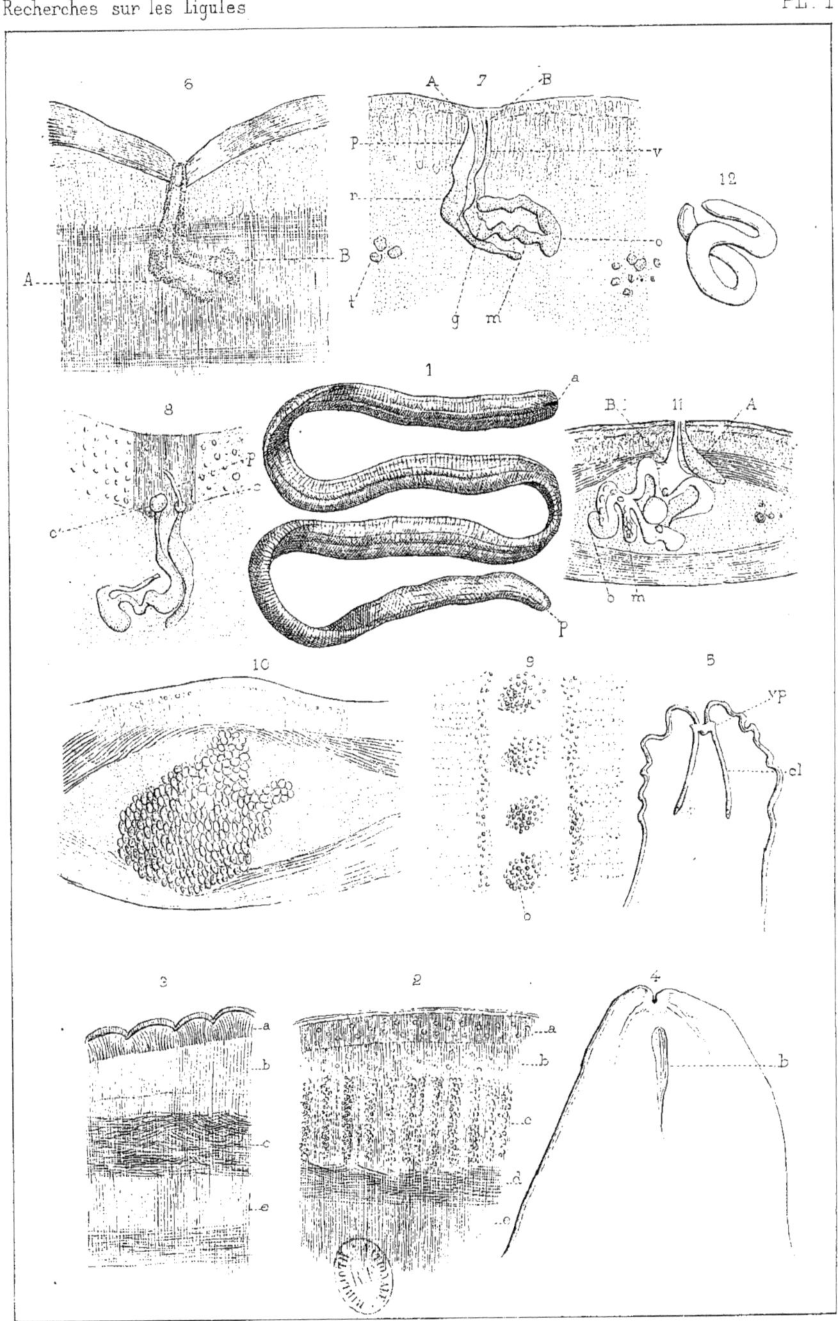
6
7
A
B
12
p
v
r
o
B
t
g
m
1
a
8
B
11
A
P
c
P
b
m
P
10
9
5
vp
cl
o
3
2
4
a
b
c
e
a
b
c
d
e
b

PLANCHE II

Fig. 1. — Œuf sortant de la matrice. — *v*, vésicule germinative.
Fig. 2. — Contraction du vitellus.
Fig. 3. — Segmentation du vitellus ; formation des sphères organiques.
Fig. 4. — Formation des cellules.
Fig. 5. — Apparition de la tache embryonnaire, *te*.
Fig. 6. — Œuf contenant un embryon distinct, *e*; *o*, opercule.
Fig. 7. — Œuf contenant un embryon mûr. — *e*, embryon; *c*, ses crochets; *o*, opercule.
Fig. 8. — Œuf après l'éclosion. — *o*, opercule.
Fig. 9. — Embryon cilié libre.
Fig. 10. — Structure de la sphère interne *(hexacanthe)*. — *a*, cellules; *b*, crochets.
Fig. 11. — Œuf infécond. — *o*, opercule.
Fig. 12. — Œuf du *Dibothrium latum*.
Fig. 13-14. — Segmentation du vitellus et formation des cellules.
Fig. 15. — Œuf contenant un embryon. L'opercule est visible.
Fig. 16. — Embryon libre.
Fig. 17. — Le même, plus gros.

(Les dessins relatifs au *Dibothrium* sont dus au Dr Bertolus.)

D'après nos observations particulières, l'embryon de la figure 15 devrait être orienté comme celui de la *Ligula* (fig. 7), c'est-à-dire les crochets dirigés vers le pôle opposé à l'opercule.

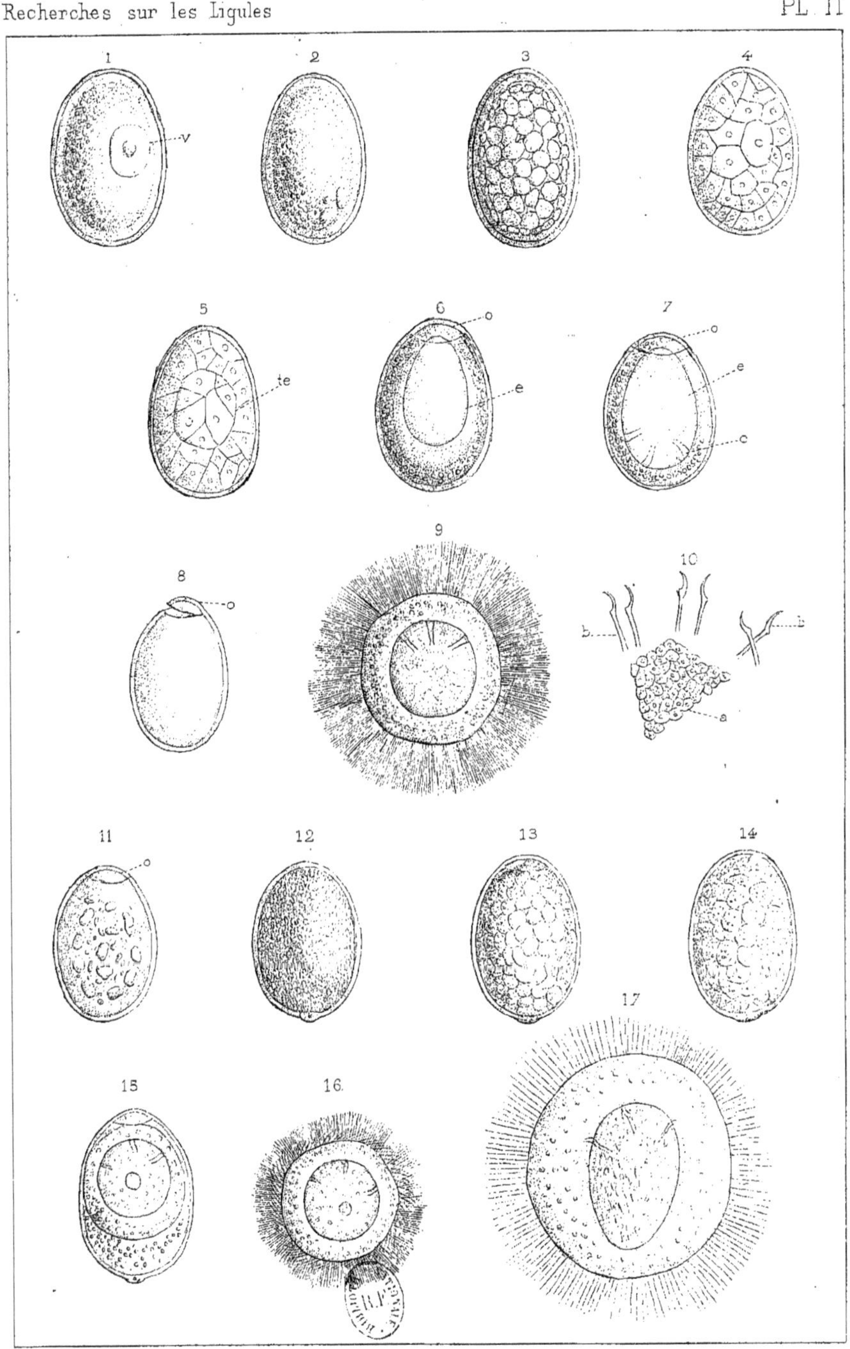
1
v
2
3
4
5
te
6
o
e
7
o
e
c
8
o
9
10
b
b
a
11
o
12
13
14
15
16
17